1　ズワイガニの眼球と眼柄。赤く塗りつぶされた部分（右上矢印）が複眼の配置場所で、後方を見ることはできない（第2章参照）

エビはすごい カニもすごい

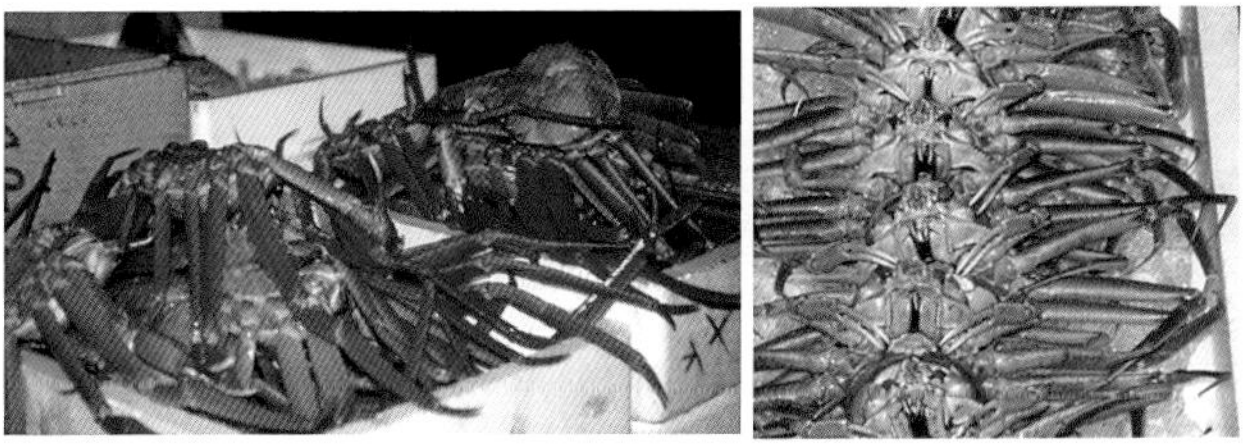

2　生きたベニズワイガニ（左）は赤いが、ズワイガニ（右）は赤くない（第4章参照）

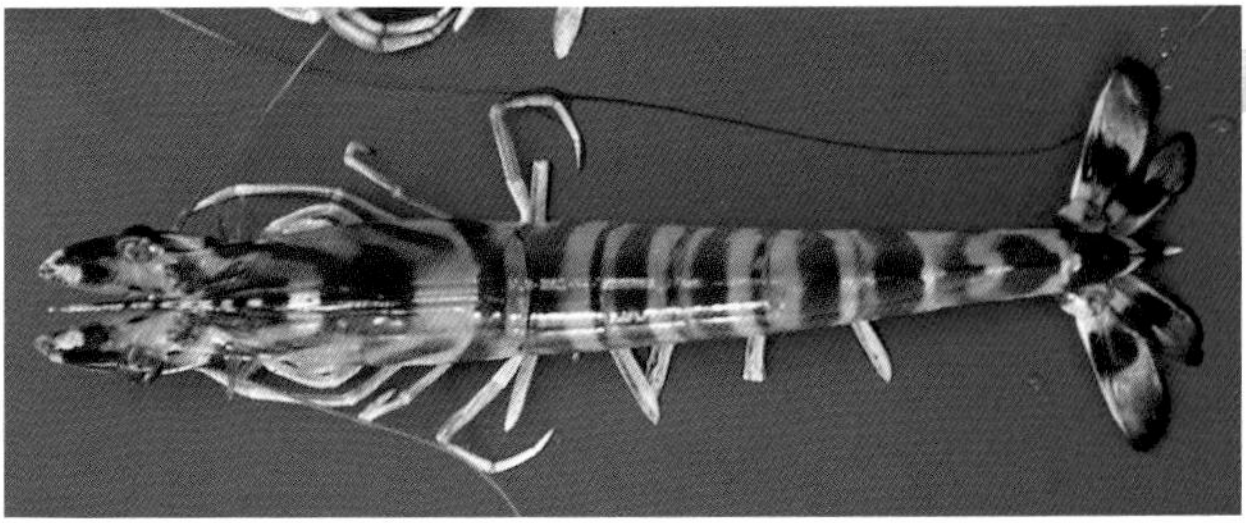

3　赤い色を迷彩色に変えて隠すクルマエビ（第7章参照）

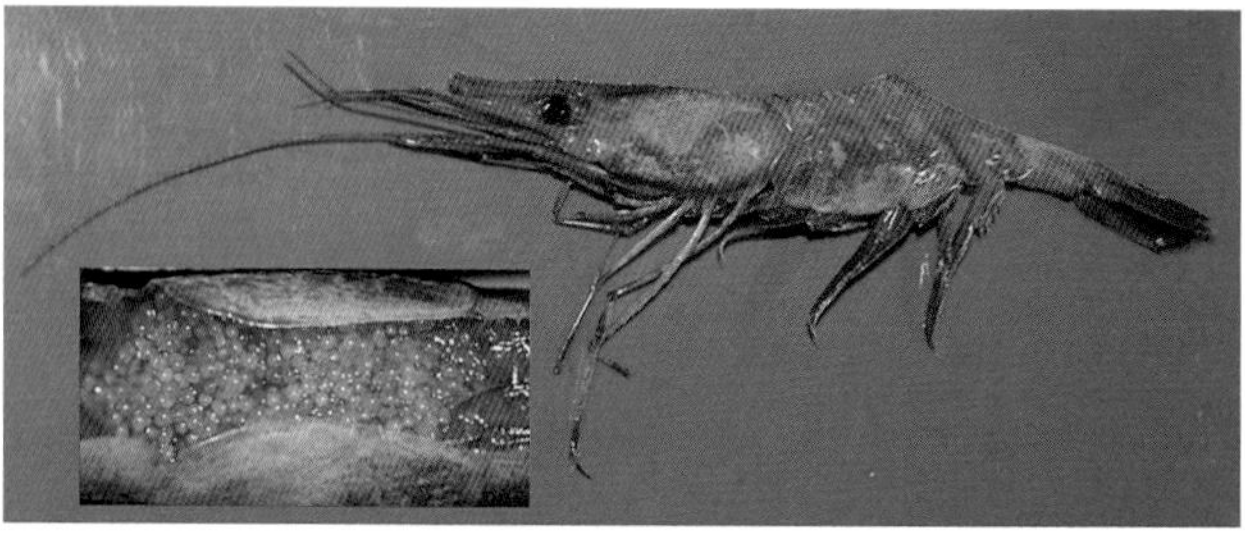

4　雄から雌に性転換した後に抱卵したホッコクアカエビ（甘エビ）（第 3 章参照）

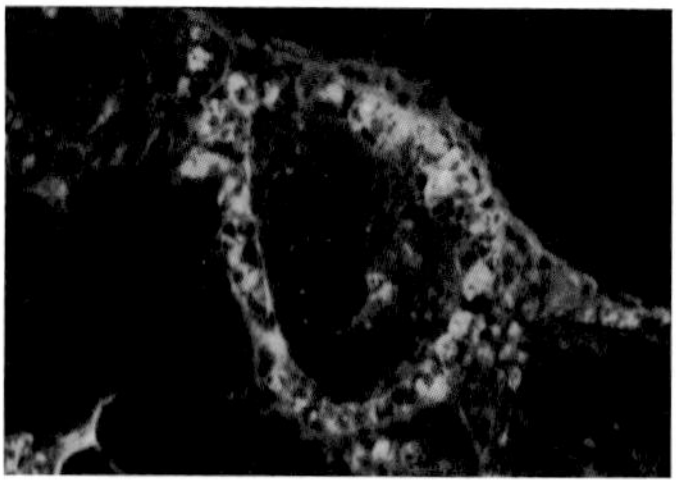

5　卵黄タンパク質の抗体に標識された蛍光色素が光るクルマエビの濾胞細胞（第 6 章参照）

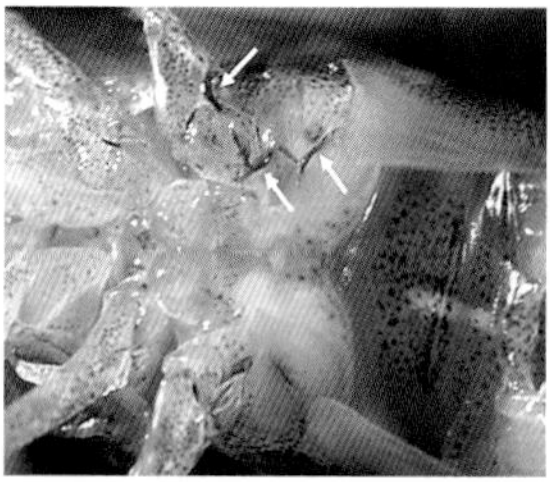

6　黒褐色のメラニンで塞がれたホワイトシュリンプの傷（矢印）（第 7 章参照）

7　江戸期の吸物椀（筆者所蔵）に蒔絵で活写されたモクズガニ（第 9 章参照）

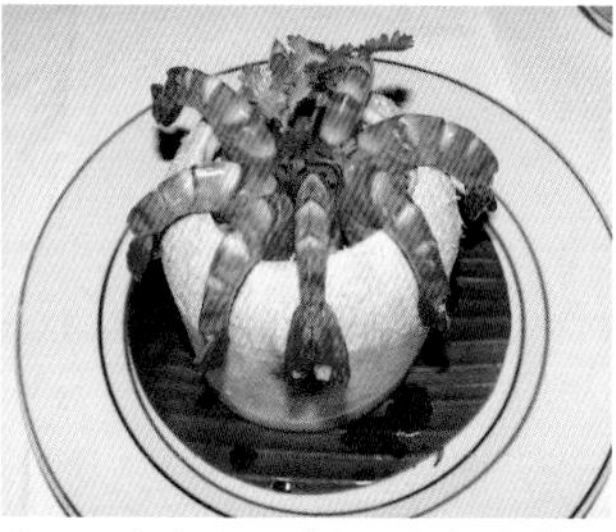

8　ベトナムのブラックタイガーシュリンプ（ウシエビ）を使ったシュリンプカクテル（第 9 章参照）

中公新書 2677

矢野 勲著

エビはすごい　カニもすごい

体のしくみ、行動から食文化まで

中央公論新社刊

はじめに

エビ・カニは、私たち人間と、さまざまな面でかかわっている。海辺や川辺に棲息《せいそく》する小さなテナガエビ、スジエビ、サワガニ、イソガニ、シオマネキたちは、時折、その姿を見せ、さまざまなしぐさで私たちを楽しませてくれる。また、海や河川に棲息するクルマエビ、ホッコクアカエビ（甘エビ）、イセエビ、ロブスター、ズワイガニ、ケガニ、ガザミ（ワタリガニ）、モクズガニなどは、美味な食材として珍重され、私たちの日々の生活を豊かなものにしてくれている。

我が国において、人とエビ・カニとのかかわりは古い。『古事記《こじき》』の応神《おうじん》天皇段には角鹿《つぬが》（福井県敦賀《つるが》市あたりの古名）のカニの記載が残されている。さらに、邪馬台国《やまたいこく》を記述した「魏《ぎ》志倭人伝《しわじんでん》」のくだりに倭人は水に潜って魚や貝を捕ることが書かれていている。3世紀頃の倭国では海女、海士は暖海の磯《いそ》に潜って魚や貝だけでなくイセエビも手摑《てづか》みし、卑弥呼《ひみこ》に献上していたのだろう。

私は、これまでエビ・カニの体のしくみや行動を調べるために、クルマエビ、イセエビ、アメリカンロブスター、ホワイトシュリンプ、ヒライソガニ、モクズガニ、ズワイガニなどを飼育してきた。その結果、エビ・カニは「すごい」と思うほどの巧妙な体のしくみと行動やしぐさを持ち、律動感にあふれ、生きることに強い意志と生命力を持つ優れた生物であることを知った。

さらに、欧米などの科学者の研究から、世界には「すごい」と思える体のしくみと行動やしぐさを持ち、サンゴ礁に棲《す》むテッポウエビやクリーナーシュリンプ、キンチャクガニ、水深2000mに達する暗黒の深海で350℃の熱水を噴出する噴出孔に棲む小エビなどがいることを知った。

本書は、このような「すごい」と思えるエビ・カニの巧妙な体のしくみと行動やしぐさについて紹介する。さらに、なぜそのような体のしくみを持ったり、行動やしぐさをとるのかについても説明した。

ちなみに、そのいくつかを紹介すると、テッポウエビは、ハサミをパチンと鳴らして、その音で小エビなどの獲物を狩っている。また、サンゴ礁に棲む多数のテッポウエビがパチンと鳴らす音は、サンゴの幼生をサンゴ礁に呼び寄せることが明らかになっている。実は、この音は単なる音でなく、閃光《せんこう》とプラズマを放つ強い音圧の衝撃波である。本書では、その「すごい」と思えるスナップ音の発生のしくみを明らかにしている。

米国フロリダ半島沿岸の海底に棲息するフロリダロブスターは、秋になると数十万尾が縦一列に繫《つな》がって数十㎞の距離を歩いて渡りをする。なぜ、縦一列に繫がるのか。どのような方法で目的地まで正確に渡りをしているのか。本書では、縦一列に繫がる理由と「すごい」と思える特殊な感覚器官を使った渡りのしくみを解き明かしている。

海の掃除屋として知られているクリーナーシュリンプは、なぜ魚に食べられずに魚の体表についた寄生虫や口の中の食べカスを食べることができるのか。実はクリーナーシュリンプは魚と了解し合って体を掃除するのである。本書は、この「すごい」と思える了解のしくみを解明している。

キンチャクガニは、毒針を持つカニハサミイソギンチャクを常にハサミに挟んで持ち、外敵の魚などが近寄ると相手に向かってイソギンチャクを振りかざして身を守っている。実は、キンチャクガニは、ハサミからイソギンチャクを失ったときは、「すごい」と思える方法ですばやくクローンを複製する。本書では、その巧妙なしくみについて解き明かしている。

多くのエビ・カニは茹《ゆ》でると赤くなるが、これはエビ・カニが体色の素材として赤いアスタキサンチンという物質を利用しているからである。だが、実際には多くのエビ・カニは生きているときは赤くなく地味な色をしている。実は、エビ・カニの多くは外敵の魚に対して、アスタキサンチンの目立つ赤い色をタンパク質と結合させて隠している。アスタキサンチンがタンパク質と結合するとなぜ赤色が隠されるのか。本書では、その「すごい」と思える巧妙なしくみを解明している。

また、エビ・カニがアスタキサンチンを持つのは、ウイルスや細菌から身を守るのに必要な免疫システムを強化するためでもあり、その「すごい」と思えるしくみについて私は明らかにした。

さらに私が身近に置いた水槽で長期間飼育したモクズガニは、私が2本の指を振ったときに、指のすぐ傍《そば》まで寄って来るだけでなく、背伸びするようにして立ちながら両方のハサミを高く振りかざしたり、ハサミで体を支え逆立ちしたりして遊ぶしぐさをするようになった。また、私が10日ほど留守をして餌《えさ》を与えないと、モクズガニは食べもしない水草をごっそりと根元から切ったりして、怒ったすえの腹いせと思える行動をとった。こうしたまったく予想もしなかった、「すごい」と思える行動やしぐさを、なぜモクズガニはとったのか、その意味について記した。

本書では、エビ・カニの肉の特徴と日本や世界の食文化についても記している。さらに「月夜の蟹《かに》は身が少ない」という古来の言い伝えが正しいかどうか、『古事記』に記載された「角鹿の蟹」がいかなる種類のカニをさしているのか、これらの謎についても科学的に考証した。

さらに、エビ・カニは食べると甘みがあるのはなぜなのか？　エビを食べるとプリッとした食感があるのはなぜなのか？　カニの脚肉を食べると線維を感じるのはなぜか？　エビは、茹でると丸くなるのはなぜなのか？　エビ・カニを食べるとなぜアレルギー症状が出るのか？　などのさまざまな疑問に対する答えも詳しく解説した。

本書を読むことによって、読者がエビ・カニについてより深く理解し、よりいっそうの興味を持っていただければ幸いである。

目次

第2章　エビ・カニの五感と生殖　29

第3章　さまざまなエビたちの生態と不思議な行動 ――― 53

第6章　エビ研究の最前線から——交尾と生殖の解明——　157

第7章　赤い色を隠すエビ・カニたち

第8章　私が愛したエビ・カニたち

第9章　エビ・カニの肉質の特徴と食文化―――223

特記以外の写真・図については筆者撮影・作図
図版作成・関根美有

第1章　エビ・カニとはどのような生き物なのか？

本章では、まず、エビ・カニとは、生き物の中でどんなグループなのかを説明しよう。さらに、エビ・カニの体の構造や脱皮のしくみを解説していこう。

①分類と進化

エビ・カニの分類

エビとカニは一見するとずいぶん形が違うが、実は分類学的には非常に近い。

エビ・カニは、どちらも動物界・節足動物門《せっそくどうぶつもん》・甲殻《こうかく》亜《あ》門《もん》・軟甲綱《なんこうこう》・真軟甲《しんなんこう》亜《あ》綱《こう》・ホンエビ上目《じょうもく》・十脚目《じっきゃくもく》に属する。この十脚目は、大きく根鰓《こんさい》亜目と抱卵《ほうらん》亜目に分かれる。根鰓亜目は細かく枝分かれした羽毛状の構造の鰓《えら》が特徴であり、そのため「根鰓」という名が付けられている。

根鰓亜目と抱卵亜目の大きな違いは、卵の産み方にある。根鰓亜目のエビは、卵を水中に直接放出するのに対し、抱卵亜目のエビ・カニは、腹部に卵を抱いて、卵が孵化《ふか》するまで守る。卵を守るほうが生き残りに有利であったためか、現在では、抱卵亜目のほうが根鰓亜目よりも多様に進化し、種の数も根鰓亜目約550種、抱卵亜目約1万4720種と圧倒的に抱卵亜目が多い。

本書で扱うエビのうち、クルマエビ、コウライエビ、ウシエビ、ホワイトシュリンプ（リトペナエウス・ヴァンナメイ）やサクラエビは、根鰓亜目に属する。いっぽう、テッポウエビ、クリーナーシュリンプは、抱卵亜目のコエビ下目《かもく》に属する。イセエビやフロリダロブスターは、同じく抱卵亜目のイセエビ下目に属する。ガザミ（ワタリガニ）、ズワイガニ、ベニズワイガニ、モクズガニ、サワガニ、キンチャクガニ、ブルークラブ（カリネクテス・サピドゥス）など、カニはすべて抱卵亜目の短尾《たんび》下目に属する。

また、本書に時折、その名が出てくるアメリカザリガニ、アメリカンロブスター（ホマルス・アメリカヌス）は、抱卵亜目のザリガニ下目、タラバガニは抱卵亜目の異尾《いび》下目に属する。

エビとカニの姿で共通するのは、餌を摑むか歩くための胸脚《きょうきゃく》を左右5対合計10本持つことで、これが十脚目の由来となっている。エビとカニの大きな違いは腹部と尾節《びせつ》の形で、エビは腹部と尾節がまっすぐで、腹部の下に遊泳のための遊泳肢《ゆうえいし》（腹肢《ふくし》）が5対、尾節には尾肢《びし》がそれぞれ備わっている（図1―4）のに対し、カニは腹節と尾節が背甲《はいこう》（甲羅《こうら》）で覆われた頭胸

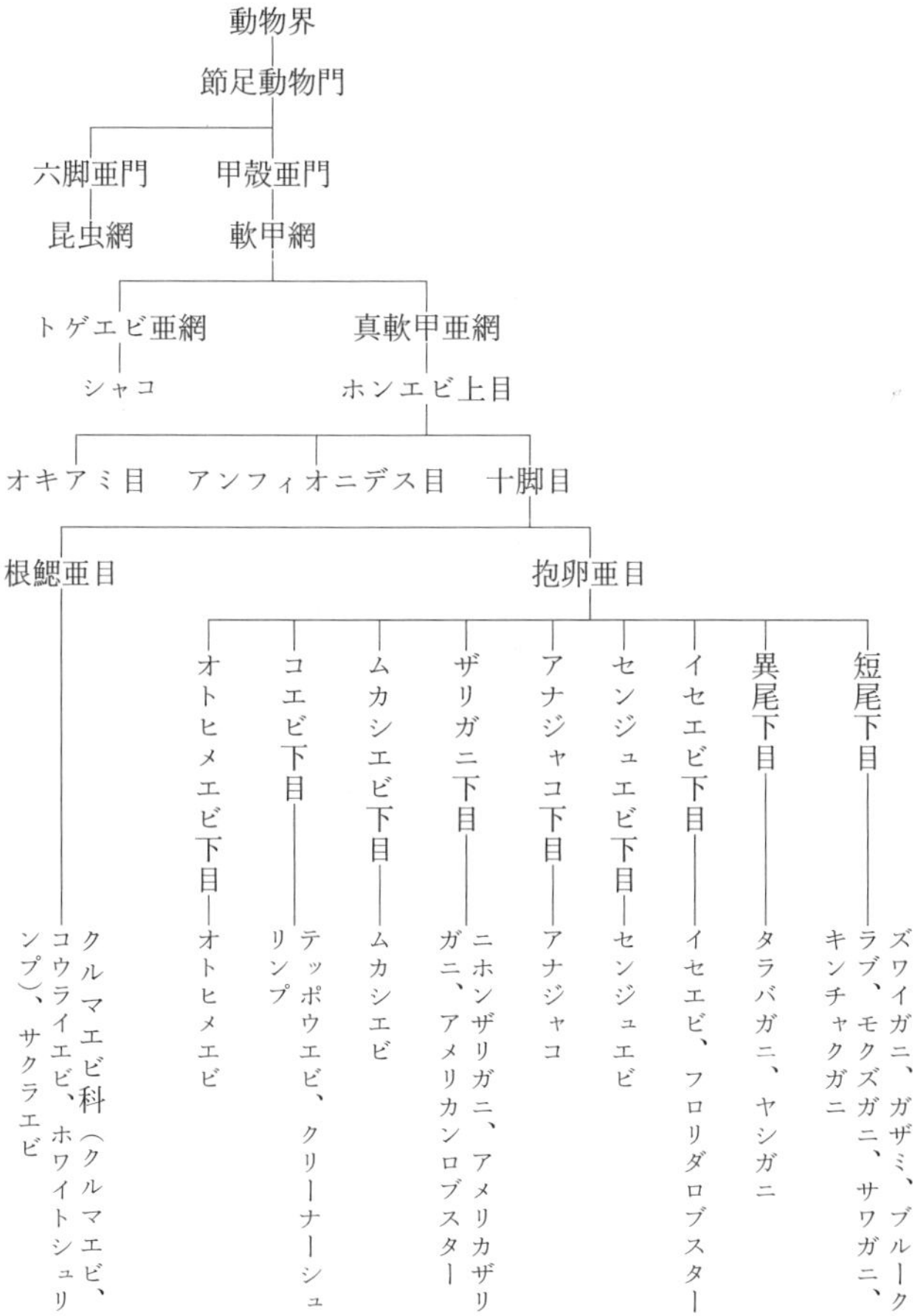

図1―1　エビ・カニが属する動物界・節足動物門・甲殻亜門・軟甲網の分類（佐々木，2011を参考にして作成）

部の下に折りたたまれていて、遊泳のための遊泳肢は持たない（図1―5）。

エビ・カニの祖先と進化

これまでに発掘された最も古い化石は、米国のオクラホマ州で3億6000万年前の地層から発見されたエビの化石である。クルマエビの祖先種の化石は、約2億8500万年前～2億3500万年前のペルム紀から三畳紀の地層で発見されている。

このような化石の年代や幼生と成体の形態、孵化後の幼生の発育段階などの相違から、最初に地球上に出現したのは、受精卵を腹部に抱卵せず水中にそのまま放出するエビだと考えられる。続いて受精卵を孵化するまで腹部に抱くエビに進化し、さらに腹節と尾節が折りたたまれて、その内側に受精卵を抱くカニに進化したと考えられる。約1億9650万年前～1億4550万年前のジュラ紀のカニの化石が出土することから、エビの祖先種からカニの祖先種に進化したのは、その頃だと思われる。その後、現在の地球上に棲むエビ・カニの多くは、第三紀から現世に至る6430万年の間に誕生したと思われる。

このように、まずエビが、最古の恐竜が出現する2億3000万年前よりはるか以前の約3億6000万年前に地球上に誕生し、その後にカニが出現した。その間、2億5000万年前のペルム紀末には、海洋に棲む三葉虫《さんようちゅう》やウミユリなど、すべての種のおよそ90%がなんらかの理由で絶滅したとされているが、今のエビ・カニは、こうした地球上で起きた絶滅の危機を乗り越えて繁栄しているのである。

エビ・カニとヤドカリ・シャコはどう違うのか

胸脚を10本持つ十脚目の仲間には、抱卵亜目異尾下目に属するヤドカリ、ヤシガニ、タラバガニなどもいる。ヤドカリやヤシガニは、第4、5胸脚が背中側に折りたたまれ、タラバガニは小さな第5胸脚が鰓室に差し込まれているため、一見すると胸脚の数が左右3〜4対しかないように見えるが、紛れもなく胸脚を5対で10本持っている。このようにヤドカリ、ヤシガニ、タラバガニはエビ・カニと同じ十脚目に属する。

いっぽう、シャコは形がエビに似ているが、多くのエビが先端にハサミがある脚（鋏脚《きょうきゃく》）を持つのに対し、英名のマンティスシュリンプ（カマキリエビ）の由来でもある6〜7個の棘《とげ》がある1対の鎌のような形をした捕脚《ほきゃく》を持っている点で、エビとは異なる。シャコは胸脚の数も3対で、エビ・カニとは大きく異なっている。また、シャコは分類もエビ・カニが属する真軟甲亜綱と違ってトゲエビ亜綱に属している。

大陸移動の証しとなるエビたち

現在、クルマエビ科のエビは、クルマエビをはじめとして25種が、夏の平均水温が20℃以上の温帯から熱帯の海域に棲んでいる。クルマエビ科のエビは、雄から受け取る精子が入った精《せい》

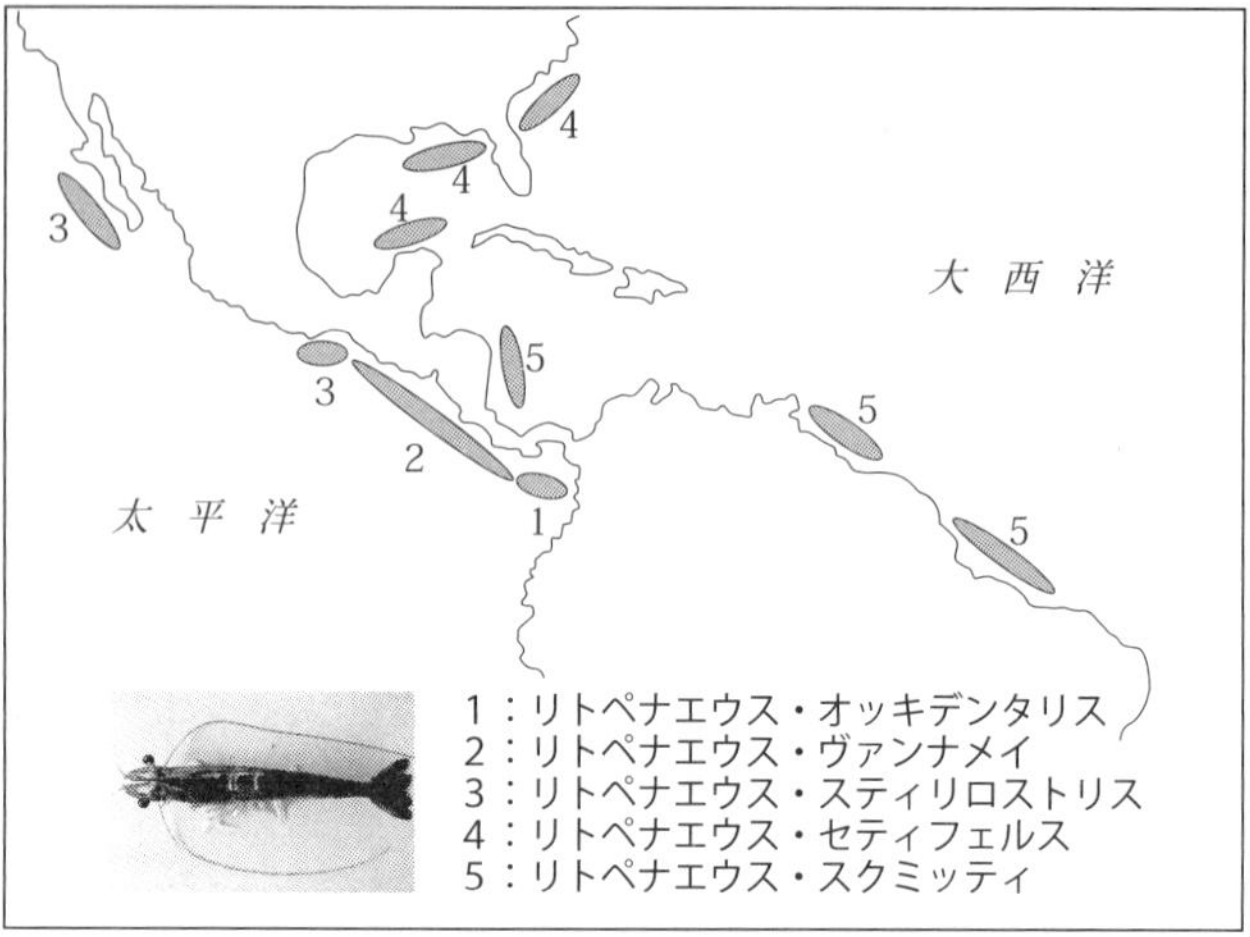

図1―2　中南米の太平洋側と大西洋側に棲息するクルマエビ科リトペナエウス属の5種の学名と分布

包《ほう》を雌が貯《た》めておく受精嚢《じゅせいのう》の構造が、袋状になった種類と平坦《へいたん》になった2種類に大別される。両者の違いは、受精嚢の形だけではない。前者は交尾が成体の成熟前に起こり、受精に使用するまで精子が入った精包を成熟まで数ヵ月間貯めておくのに対し、後者は交尾が成体の成熟後に起こり、精包中の精子は交尾後1〜2時間内に受精に使用する。なお、前者では受精嚢に数ヵ月間貯められた精子は腐ることはなく、受精に必要になったらすぐに使用できる。

　前者のエビにはクルマエビやウシエビ、コウライエビ、クマエビなどがいて、多くの種はアジアの沿岸から地中海やアフリカ、北米・南米の沿岸にまで広く棲息している。

　いっぽう、後者のエビには、リトペナエウス属の5種がいて、中南米の太平洋側と大西洋側の沿岸に棲息している。リトペナエウス・ステティリロストリス、リトペナエウス・ヴァンナメイ、リトペナエウス・オッキデンタリスの3種は太平洋側沿岸に、リトペナエウス・セティフェルスとリトペナエウス・スクミッティの2種は大西洋側沿岸に棲んでいる。これらの事実は、かつて北米大陸と南米大陸はパナマ付近で離れていて、太平洋と大西洋が繋がっていたこと、その周辺の海域には、受精嚢が平坦になったリトペナエウス属の5種の共通の祖先種が棲息していたこと、それが後になって、北米大陸と南米大陸が地続きになったことにより、太平洋側と大西洋側に分断され、その後数百万年の時をかけて5種に分化したと考えられることを教えてくれる。現在、地質学的、生物学的な調査によって、それまで離れていた北米大陸と南米大陸が320万年前〜270万年前に現在のパナマ付近で繋がったことがわかり、この説が裏付けられている。まさにこれらのエビは、大陸移動の証《あかし》しとなるエビと言えよう。

日本列島のなりたちの証しとなるカニたち

いっぽう、東アジアの中国と朝鮮半島、日本列島の河川には現在、モクズガニ属のチュウゴクモクズガニとモクズガニの2種がいる。2種は外観が似ているが、背甲（甲羅）の前側縁にあるノコギリの歯のような棘の数が、モクズガニが左右3対なのに対し、チュウゴクモクズガニは4対と異なっている。ユーラシア大陸の中国には、チュウゴクモクズガニのみ、朝鮮半島にはモクズガニとチュウゴクモクズガニの両方が、日本列島の九州、四国、本州にはモクズガニのみが棲息している。

2300万年前〜1900万年前にユーラシア大陸から日本列島が分裂し、しだいにユーラシア大陸と日本列島の間で海底が拡大し、日本海が生まれたとされている。しかし、1700万年前〜1500万年前はまだユーラシア大陸の一部と朝鮮半島に日本列島の一部が繋がっていたが、その後およそ300万年前に、ユーラシア大陸と朝鮮半島から日本列島が分裂したことがわかっている。

こうした事実から想定して、おそらく、かつてユーラシア大陸の現在の中国あたりの河川には、モクズガニとチュウゴクモクズガニのモクズガニ属2種の共通の祖先種がいて、それが数百万年の時をかけて、中国の河川には分化したチュウゴクモクズガニが残り、日本の河川には分化したモクズガニが棲息し、ユーラシア大陸と日本列島をかつて繋いでいた朝鮮半島の河川には、チュウゴクモクズガニとモクズガニの2種が残ったと考えられる。

これらのカニは、日本列島のなりたちの証しとなるカニと言えよう。

図1―3　中国江蘇省の湖で獲れたチュウゴクモクズガニ

②体の構造

体の外部構造

先に述べたように、エビの外部構造は、頭部と胸部が融合した頭胸部とまっすぐな腹部と尾節からなるのに対し、カニの外部構造は、頭胸部とその下に折り込まれたやや扁平《へんぺい》な腹節と尾節からなる。

脊椎《せきつい》などの内骨格を持たないエビ・カニは、軟らかい内部器官を守り支えるために、体表を硬い外骨格（殻）で覆っている。カニの頭胸部を覆う背甲（甲羅）は、節のない構造となっている。これに対し、エビの腹部の背甲は節があり、いずれの種も6個の腹節から構成されている。私たちはエビの殻をむくときは、この6個の腹節を外している。エビは腹部の各腹節を、発達した屈筋《くっきん》と伸筋《しんきん》を使って内側に曲げることができる。

エビを茹でると丸くなるが、これは腹側の筋肉が加熱によって収縮するためである。エビは腰が曲がるため、長寿・長命の象徴として、正月の鏡餅《かがみもち》の上に飾ったり、おせち料理に使ったりしている。なお、てんぷらなどでエビを丸まらないようにまっすぐにするには、腹部の腹側の筋肉に切れ目を3～5ヵ所入れた後、エビの両端を持って身を反《そ》らせて伸ばしてから加熱するとよい。

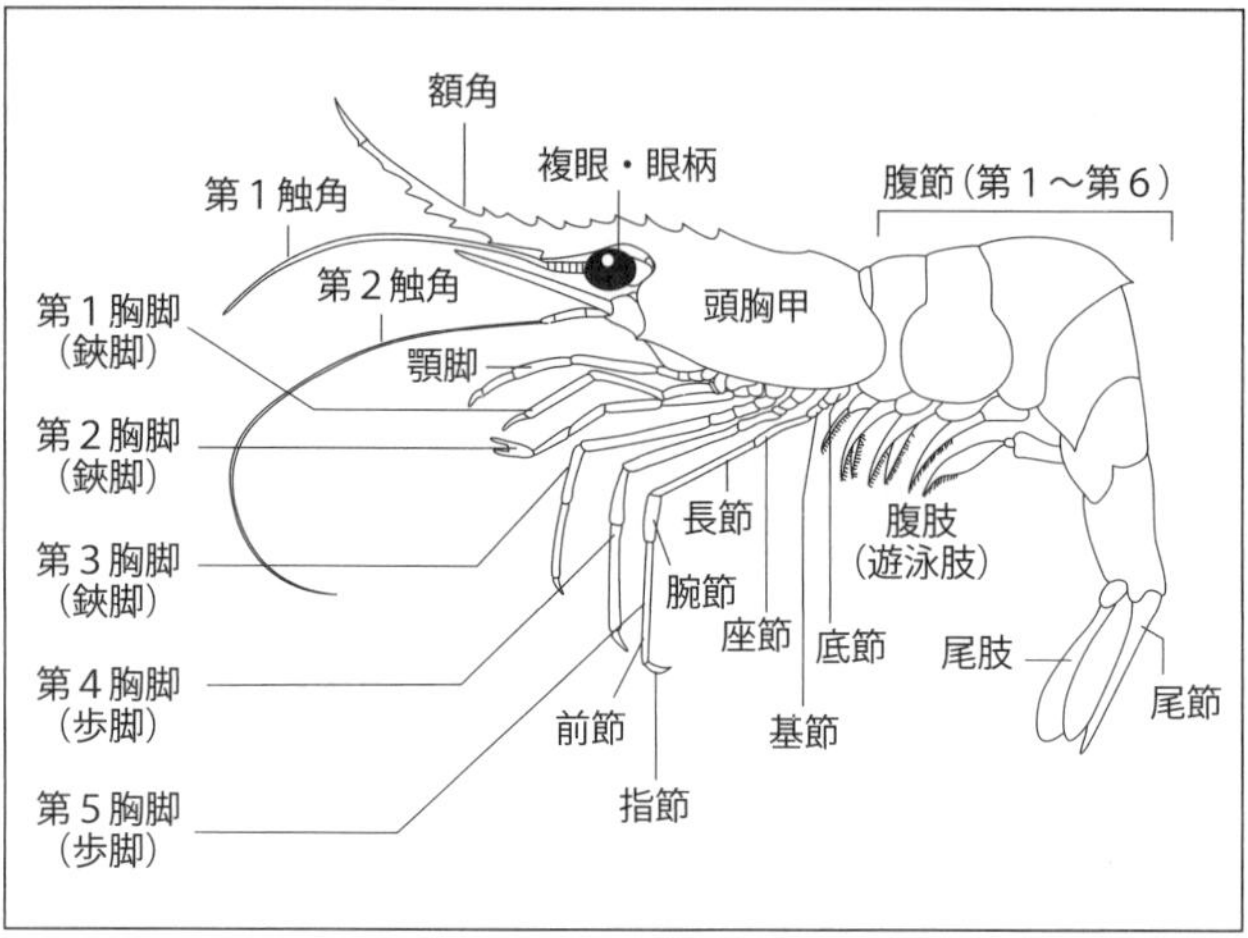

図１－４　エビの外部構造 (Falciai & Minervini, 1992を参考にして作成)

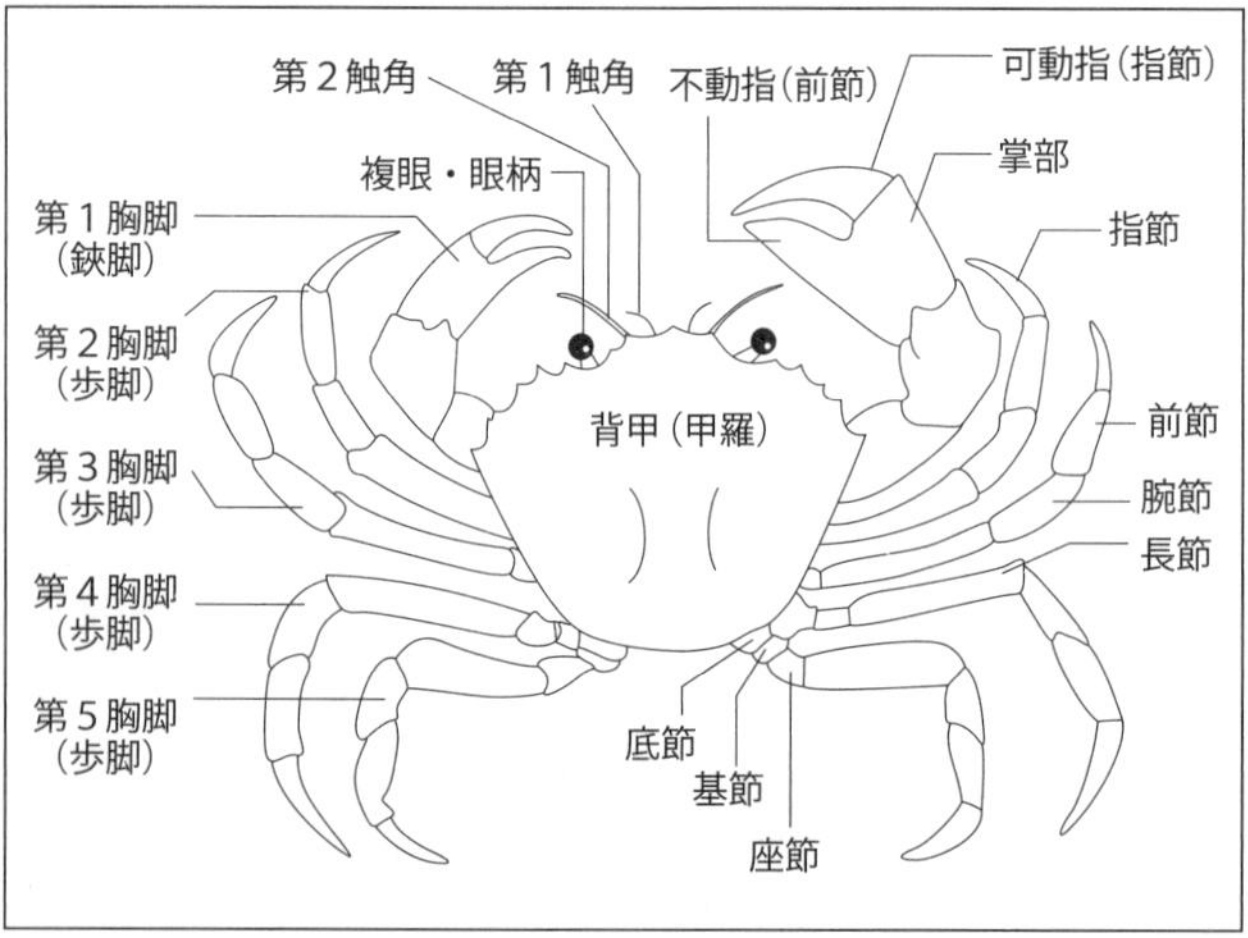

図１－５　カニの外部構造 (Falciai & Minervini, 1992を参考にして作成)

エビ・カニの頭胸部には匂《にお》いなどを知覚する2対の触角、1対の複眼と眼柄《がんぺい》、餌を食べるための口器《こうき》と小顎《しょうがく》と顎脚《がっきゃく》などがある。頭胸部の側面下方には餌を摑むか歩行するための5対の胸脚が付属しているが、ガザミのように第5胸脚の先端がボートのオールのように扁平になっていて遊泳に使っているカニもいる。エビの腹部には、遊泳するための5対の腹肢（遊泳肢）があり、尾節には尾肢があって進行方向を変える尾扇《びせん》を構成している。

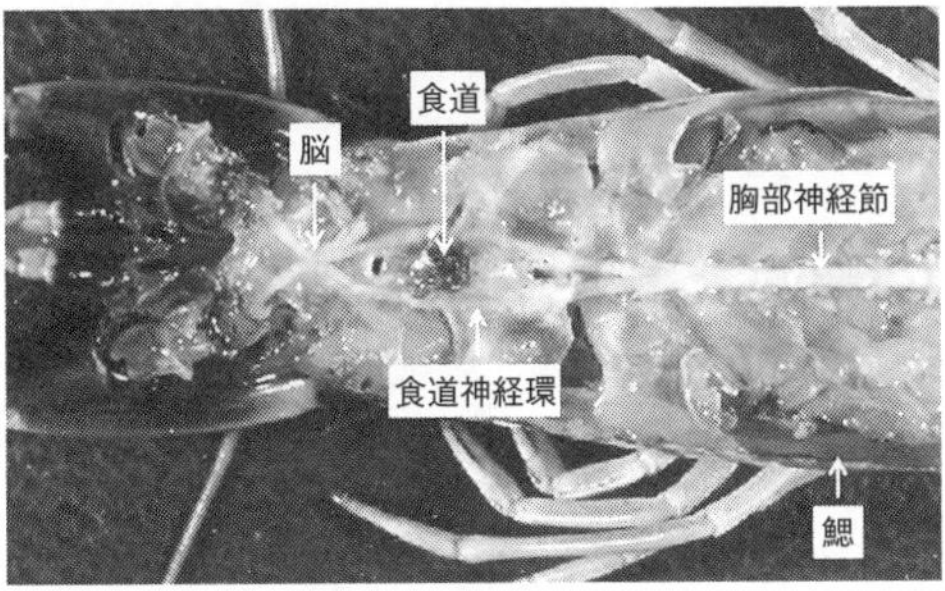

図1―6　クルマエビ頭胸部の解剖

体の内部構造

エビ・カニの頭胸部の内部には、両眼柄からの視神経が交差する位置に脳がある。さらにそれに続く食道神経環、胸部神経節の中枢神経系が通る。また、呼吸するための1対の鰓、触角の基部にあって尿を排出する1対の触角腺《しょっかくせん》、食べたものが通る食道と咀嚼《そしゃく》する胃、消化するための酵素を分泌する肝膵臓《かんすいぞう》（中腸腺《ちゅうちょうせん》）、分解した後のアミノ酸などを吸収する腸、さらに生殖に不可欠な卵と精子をつくる生殖巣《せいしょくそう》（卵巣、精巣）などがある。栄養分と酸素を運ぶ血液を体のすみずみにまで循環させる心臓は、頭胸部の中央付近にある。なお、エビの精巣は頭胸部にあるが、卵巣と腸は頭胸部から腹部にまたがっている。

エビの腹部の背中側には腸と卵巣（雌のみ）の一部、腹側には中枢神経系の腹部神経節が伸びている。食べたものを排泄《はいせつ》する肛門《こうもん》は腸の末端に開いている。なお、腸は頭胸部にある胃の上層部の末端から出て、そのまままっすぐに腹部の背中側に伸びている。

調理のさいに「エビの背わたを取る」と言うが、この背わたとは、雄では頭胸部から腹部の背中側にかけて伸びる腸、雌ではそれに加えて卵巣の一部を意味する。

エビの腹部は、跳ねるための筋肉が発達している。そのために筋肉を作動させる側背神経が腹部神経節から中枢神経系の脳に繋がっている。また、エビは、遊泳のための5対の遊泳肢（腹肢）をスムーズに作動させるために、遊泳肢神経が腹部神経節を介して脳に繋がっている。さらにエビもカニも、ハサミ脚や歩脚《ほきゃく》として機能する胸脚をスムーズに作動させるために、胸脚神経が胸部神経節を介して脳に繋がっている。

横歩きし、ハサミを開閉し、歩脚を曲げ伸ばしするしくみ

カニはハサミが目立つが、エビにもハサミがある。これらのハサミ脚は、食べ物を摑んだり切ったり割ったり、あるいは外敵に対する威嚇、そしてときには雌への性的アピールに使う。

エビのハサミ脚は、胸脚の1～3番目にあり、鋏脚、鉗脚《かんきゃく》とも呼ぶ。

エビ・カニのハサミは、鋏脚の先端に固定された前節《ぜんせつ》と、動くことができる指節《しせつ》とからなる。

カニのハサミを割って食べると、前節の掌《しょう》部《ぶ》中に大きさの異なる2本の半透明な白色の腱《けん》があり、それぞれ筋肉がしっかりと付いていることがわかる。これは指節を開閉するためのものである。大きなハサミを持つガザミやズワイガニなどでは、指節を開くための腱に比べ、指節を閉じるための腱が極端に大きく、頑丈なつくりをしている。これは、ガザミやズワイガニなどでは、餌となるアサリなどの硬い貝殻を割るためにハサミが使われることが多く、そのためハサミを開くための力よりも、閉じるためにより大きな力を必要とするためである。

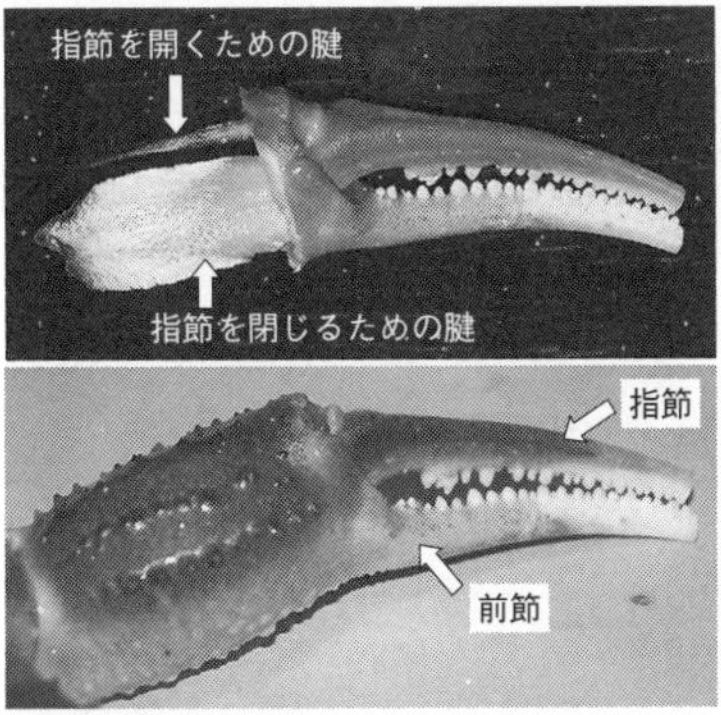

図1―7　ズワイガニ雄の左のハサミ脚掌部の内部には、指節を閉じるための大きな腱と開くための小さな腱がある（上）。下は解剖する前のハサミ脚

ハサミ脚と歩脚の5対10本のエビ・カニの胸脚は、それぞれ7つの節からできている。背甲に近いほうから、底節《ていせつ》、基節《きせつ》、座節《ざせつ》、長節《ちょうせつ》、腕節《わんせつ》、前節、指節と名付けられている。背甲に近い底節、基節、座節は、比較的短い節で、基節と座節は融合していて基座節と呼ばれ、1つの節のように見える。

長節は7つの節のちょうど真ん中にあたり、節の中で最も長い。腕節は、脚の角度を変える部位で、ヒトの肘《ひじ》や膝《ひざ》の部分に相当する。前節、指節は脚の先端部であり、指節は第1胸脚の鉗脚のいわゆるハサミ脚では、閉じた

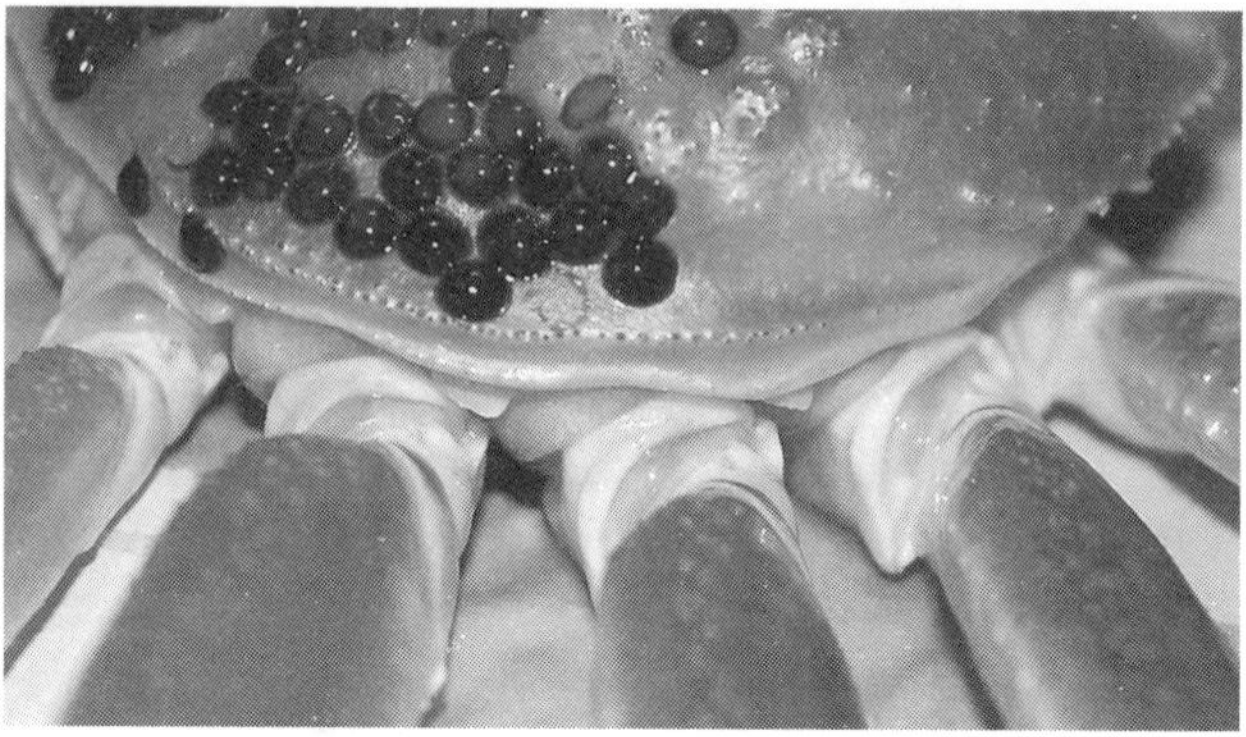

図1—8　前後左右に歩くことができるズワイガニの歩脚は、間隔をおいて並び底節を動かす関節の可動域が大きくなっている

り開いたりする可動部分になる。また、ハサミ脚以外の、歩行に使う歩脚では、指節の先端が棘のように尖《とが》っていて、エビ・カニは、爪先《つまさき》立って歩く。これらの胸脚は、屈筋、伸筋、閉筋《へいきん》、開筋《かいきん》がしっかりと付着した腱によって可動し、胸脚神経を通して中枢神経系の胸部神経節と脳に繋がっている。

7つの節が接する関節のうち、底節を動かす関節は複雑に配置された筋肉の働きによって、前後左右に動かすことができる。それ以外の関節は、動く方向が決まっていて、腹部側に向かって折り曲げたり伸ばしたりする単純な動きをするだけである。

カニと言えば横歩きだが、実は横歩きするカニは、全体の半分ほどしかいない。残りの半分ほどは、前後に歩いたり、左右に歩いたり、斜めに歩いたりもする。横歩きしかできないのは、5本の脚が密接していて、底節を動かす関節の可動域が小さいためで、モクズガニやヒライソガニなどに見られる。これに対し、5対の胸脚が間隔をおいて並ぶ長い歩脚を持ち、底節を動かす関節の可動域が大きいズワイガニなどは、四方八方に歩くことができる。

歩脚の自切と再生のしくみ

エビ・カニは、外敵の魚やタコなどに出会い、危険を感じると、自ら歩脚を根元から切り捨てる「自切《じせつ》」を行って逃げる。このとき歩脚はハサミで切るのでなく、自然に落ちる。前述したように、エビ・カニの5対の胸脚の各脚は、7つの節から構成され、基部から、底節、基節、座節、長節、腕節、前節、指節と名付けられている。基節と座節は融合し、基座節をなしていて、一見すると1つの節のように見える。自切による切り離しは、この基座節で起きる。

自切によって切り離した歩脚の基座節の切断面を見ると、表面は滑らかな薄い膜で覆われ、出血や損傷がまったく認められない。解剖用のハサミで強制的に脚を切断したときに出血や損傷が認められるのとは大きく異なっている。

自切が起きて数日経《た》つと、基座節の切断面から再生芽《さいせいが》と呼ぶ突起が出てくる。この突起は、時間の経過とともにしだいに伸長し、その後しばらくして脱皮すると、この再生芽の部分から元の姿と同じ再生した歩脚が出現する。再生する歩脚は、脱皮するたびにしだいに大きく成長し、数回の脱皮の後、元の大きさに戻る。元の大きさに戻るのに必要な脱皮の回数は種によって異なるが、多くの場合、2～3回である。

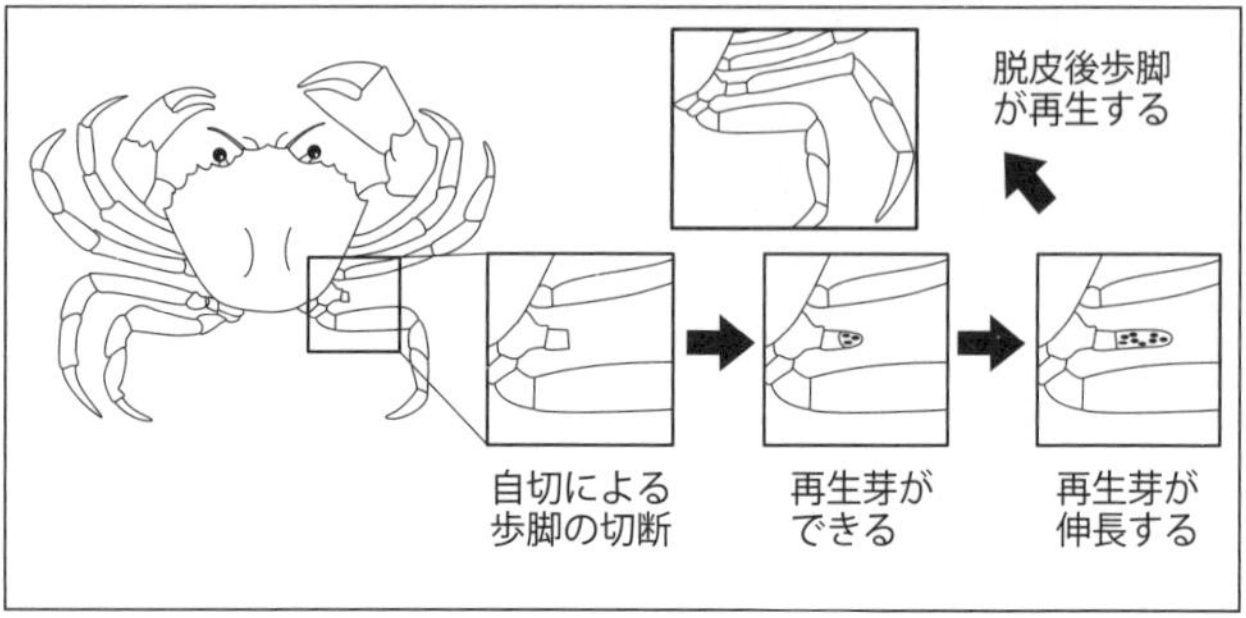

図1—9　カニ歩脚の自切と再生

自切で切断した基座節の周辺部とその後出現する再生芽の中で、何が起きているのだろうか。

まず、エビ・カニが歩脚の基座節を自切すると、切断面に血球が集まり、血液がすぐに凝固して出血を防ぎ、ついで切断面を薄い透明な膜で覆う。この後、切断面付近の表皮細胞が組織特有の分化状態を失って未分化の状態に戻る脱分化《だつぶんか》が起き、再生芽細胞となる。この再生芽細胞はすごいと思うほどの高い増殖能と複数の系統の細胞に分化する能力である多分化能を持ち、それが再生芽の中で自切した脚を元の姿に再生すると考えられる。どのようなしくみで、自切の後に、切断面付近の表皮細胞に脱分化が起こり、再生芽細胞が生まれるのか、詳細はいまだ謎のままである。再生芽細胞が出現するしくみを解明することは、エビ・カニの自切と再生のしくみを明らかにするだけでなく、再生医療発展のうえからも重要である。

跳ねるエビと横走りのカニの体の構造と筋肉の違い

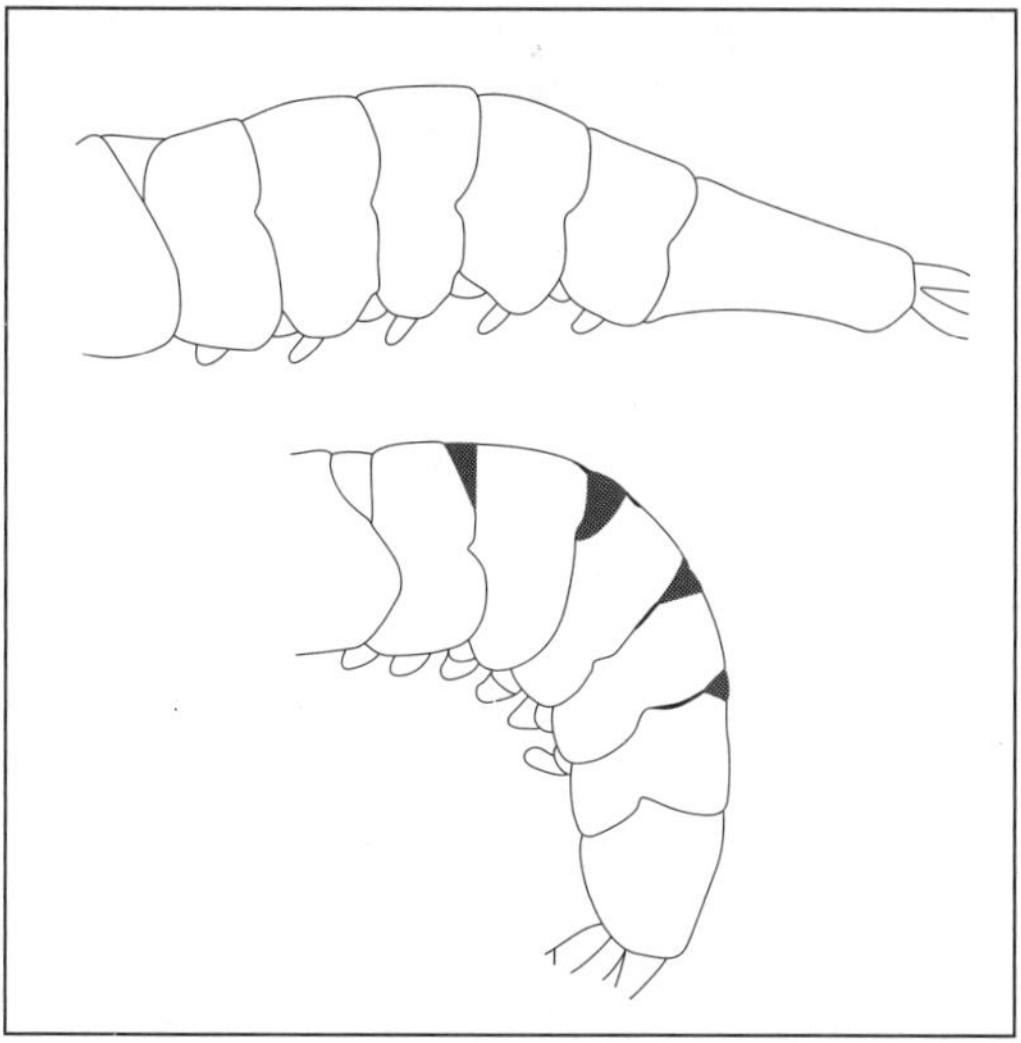

図1—10　エビの腹部の伸び縮みのしくみ。腹部を水平に伸ばす（上図）と各腹節（側甲）を繋ぐ薄い半透明なキチン質のクチクラの膜が縮んで外から見えないが、腹部をくの字に曲げる（下図）とクチクラの膜（黒く塗りつぶした部分）がピーンと伸びて露出する

エビは、外敵に遭遇したときに体をくの字に深く折り曲げて、その反動で一気に飛び跳ねることができる。エビは、跳躍を可能にするために、腹部の背面と側面を、側甲《そっこう》とも呼ばれる6個の「コ」の字を縦にした形の腹節で覆っている。さらに、腹面は軟らかくて伸縮性のある一枚の膜で覆われている。

各側甲は、薄い半透明なムコ多糖の一種であるキチン質のクチクラ（キューティクル）の膜で互いに繋がっている。膜はエビの体がまっすぐに伸びているときには、側甲と側甲の間に縮んだ状態で納まっているが、エビが飛び跳ねるために体をくの字に深く折り曲げたときには、ピーンと伸びるようになっていて、側甲自体には負担がかからないようになっている。

さらに、エビでは、瞬発力を

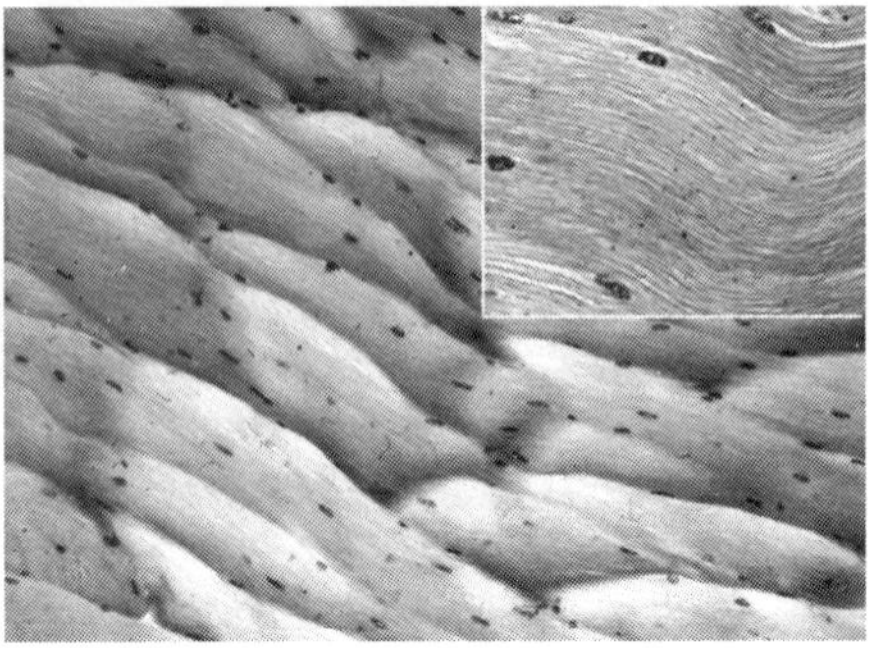

図1—11　クルマエビの腹部の筋線維（右上）の束から構成される発達した屈筋と伸筋の光学顕微鏡写真

伴う跳躍を可能にするために、腹部には線維《せんい》束《そく》からなる屈筋と伸筋が発達し、しかもそのすべては一体化している。エビは跳ねるために腹部をくの字に曲げるときは屈筋を縮め、体を伸ばすときは伸筋を引っ張る。

これに対し、カニは腹部と尾節が退化して小さく、筋肉もほとんど付いていないため、エビのように一気に飛び跳ねることができない。代わりに、カニは、歩脚の筋肉を発達させ、外敵に遭遇したときに脚を使ってすばやく逃げ去ることができる。イセエビの歩脚には肉がほとんど付いていないのに比べ、ズワイガニの脚に肉がたくさん付いているのはこのためである。

エビ・カニの筋肉を構成する筋線維は、数百本から数千本もの筋原線維《きんげんせんい》の束から構成され、筋形質膜で包まれている。

筋原線維は、サルコメアが多数つらなって形成されたものである。サルコメアは、筋肉における収縮の機能上での最小単位で、1つのサルコメアが2倍の長さ（短いサルコメア2つ分）になると、筋肉収縮の速度は半分になるが、筋肉収縮の力は2倍になる。

サルコメアの長さは、筋肉の部位によって異なっている。つまり、餌を摑んだり硬い貝を壊

表1―12　筋肉の部位による筋原線維のサルコメアの長さの相違
(Brandt et al., 1965; O'Connor et al., 1982; Taylor, 2000; Perry et al., 2009より)

	筋肉部位	サルコメアの長さ（μm）
アメリカザリガニ	腹部	10.0
	尾節	2.3
テッポウエビ(アルペウス・カリフォルニエンシス)	ハサミ(鉗脚)	8.5～9.0
イチョウガニ属の一種(カンケル・マギステル)	ハサミ(鉗脚)	12.2
	歩脚	4.5
ゴーストクラブ(オキポデ・クアドゥラタ)	歩脚	3.5～6.2

したり獲物を倒したりするために力がかかる大きなハサミの筋肉や、エビが外敵に襲われたときに、腹部を「く」の字に曲げ、その反動で瞬時に後ろへ飛び跳ねるさいに力がかかる腹部の筋肉は、もっぱら歩行に使う歩脚の筋肉よりサルコメアが長く、力が出るようになっている。

③脱皮

成長に欠かせない脱皮のしくみ

エビ・カニの外骨格はキチン質から構成されている。キチン質とは、N-アセチルグルコサミンが直鎖状に結合した多糖類で、丈夫だが伸びないので、成長するときつくなる。そのため、エビ・カニが体を大きくするためには、古い小さな外骨格を脱ぎ捨て、より大きな新しい外骨格に更新することが必要になる。これが脱皮である。

実は外骨格だけでなく、複眼、胃、腸、鰓などもキチン質から構成されている。

そのため、脱皮したエビ・カニの抜け殻を注意深く見ると、複眼や胃、腸、鰓などのキチン質の外表が抜け殻に残っていることがわかる。

以前、ある人からエビ・カニの脳は脱皮するのかと尋ねられたことがあるが、脳は脱皮することはない。

エビ・カニの成長は不連続で、古い外骨格を新しい外骨格に更新するための脱皮時に限って成長でき、その後、次の脱皮まではまったく成長できない。

外骨格の構造

外骨格は、外側より表クチクラ、外クチクラ、内クチクラ、膜層《まくそう》の4層よりなる。表クチクラはリポタンパク質からなるのに対し、外クチクラ、内クチクラおよび膜層の基質はキチンとタンパク質からなる（図1―13）。

脱皮は、まず外骨格の直下に一列に並んだ表皮細胞が、古い外骨格の内側の膜層のすべてと内クチクラの半分ほどを削り取って吸収することから始まる（図1―14。脱皮前期前半）。表皮細胞は、まるでアメーバのように細胞質を伸ばして膜層すべてと内クチクラの半分ほどを細胞内に取り込む。

表皮細胞内に取り込まれた外骨格の内側部分は、そこでグルコースやアミノ酸、カルシウムなどに分解され、新しい外骨格を造るときの素材として再利用される。

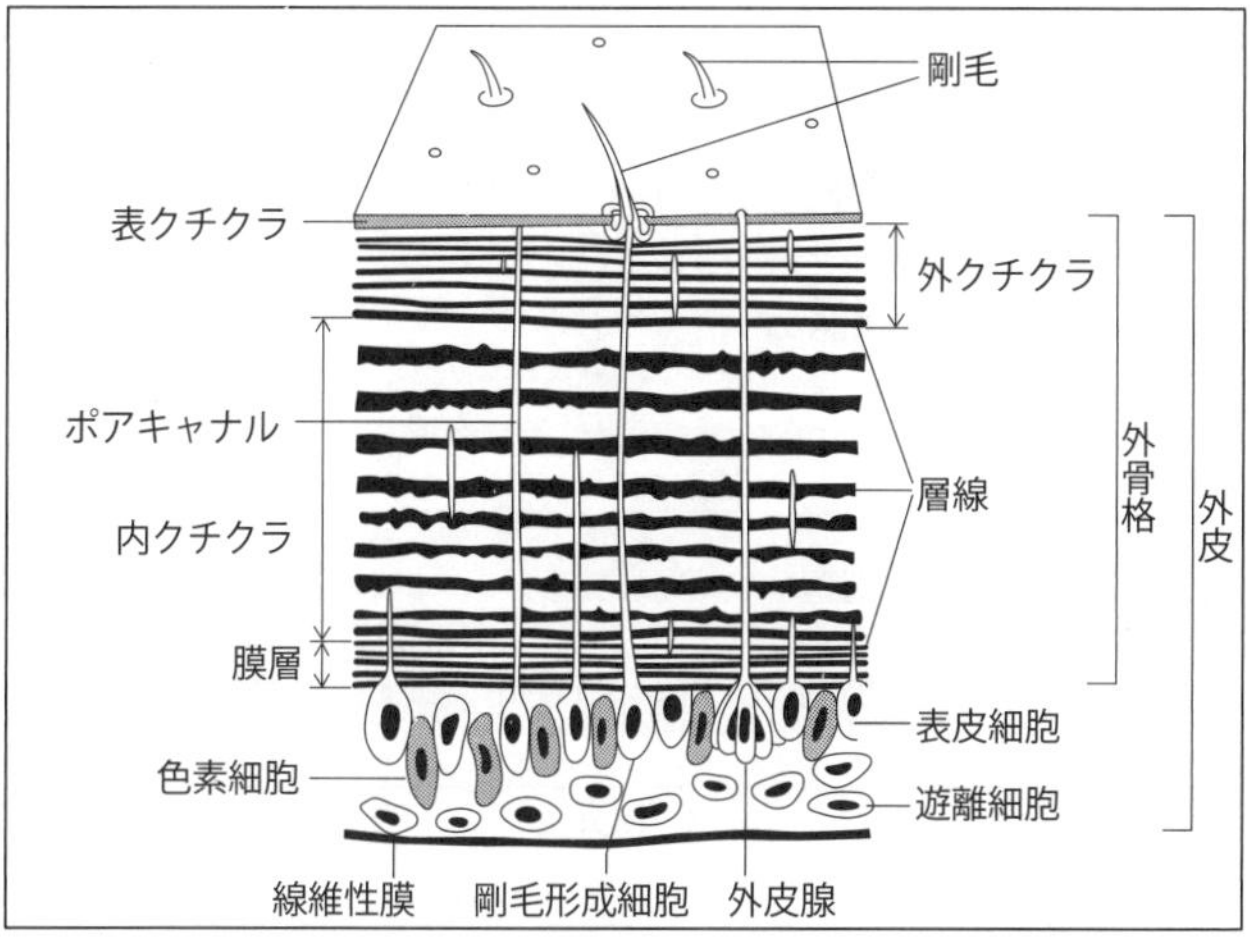

図1―13　外骨格の内部構造と形成にかかわる表皮細胞（矢野，1977より）

古い外骨格の内側の半分近くが削り取られたら、そこに空いたスペースに、今度は同じ表皮細胞が新しい表クチクラと外クチクラを形成する（脱皮前期後半）。このとき、古い外骨格の下に形成された表クチクラと外クチクラからなる新しい外骨格は、スカートのひだのように折りたたまれていて、まだ薄く軟らかい。

脱皮時には、脱皮のために飲んだ多量の水の圧力によってこの新しい外骨格がゆっくりと膨らむ。ガザミやケガニ、アメリカンロブスターでは、脱皮時に飲む海水の量はすごく、体重の50％ほどにもなる。このとき飲んだ海水は腸から体内に吸収される。この新しい外骨格の膨張で、エビでは頭胸部の背甲の後縁と腹部の境にある膜が、カニでは頭胸部背甲（甲羅）と腹節の境にある膜がそれぞれ横に

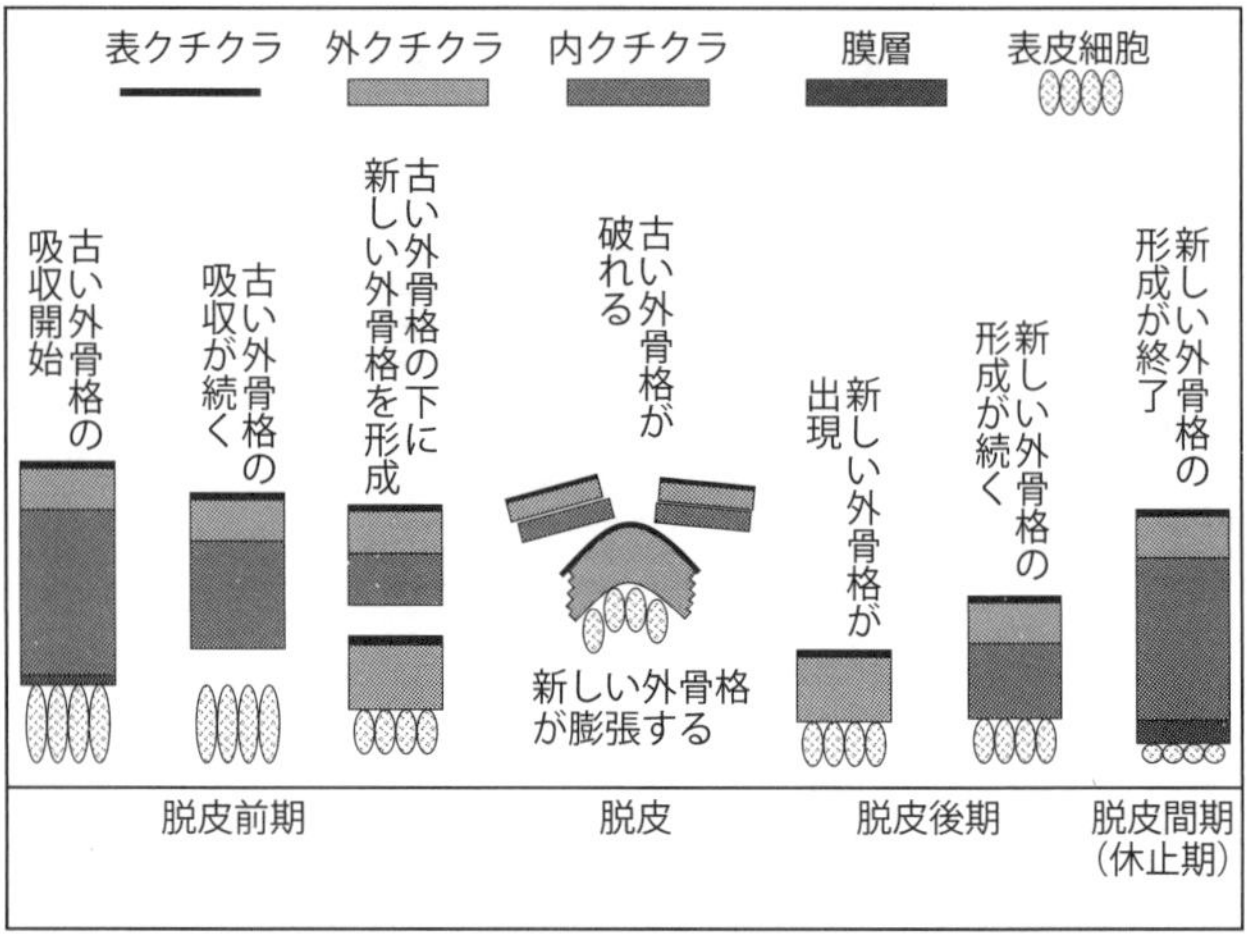

図1—14　脱皮と外骨格形成との関係

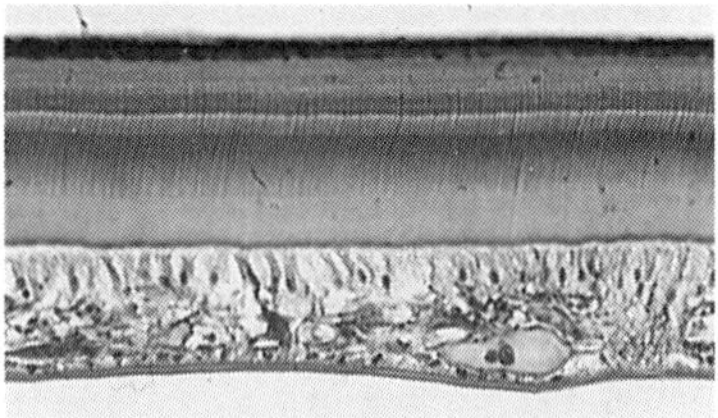

図1—15　脱皮後1週間経過したクルマエビ鰓蓋（さいがい）部の外皮の光学顕微鏡写真。外骨格の直下に表皮細胞が一列に並んでいる（図1—13参照）

裂け、その割れ目から新しい外骨格を纏《まと》ったエビ・カニが脱出する。

脱皮後、外クチクラの下に、内クチクラと膜層が順次造られて（脱皮後期）、新しい外骨格が完成する。その後、しばらくの間、外骨格の更新は休止状態になる（脱皮間期）。

これら一連の過程が、エビ・カニの脱皮で

ある。このように、エビ・カニは表皮細胞が古い外骨格を吸収し、その一部を使って新しい外骨格を造る。つまり破壊と再生の役目は、いずれも表皮細胞が担っている。

こうした脱皮は、生涯の間に何度となく繰り返される。脱皮の回数は、種によって大きく異なる。ガザミは寿命2年ほどだが、1齢《れい》の稚《ち》ガニから甲羅の幅が16㎝ほどにもなる成熟した成ガニになるまでのおよそ半年間に12回脱皮する。この後、雄はさらに2回ほど脱皮する。ガザミは1回の脱皮で甲羅の横幅（甲幅）が1・2倍ほど大きくなる。また、ワタリガニ科のブルークラブは、寿命は2年ほどで、その間、雌は1齢の稚ガニから18～20回、雄は21～23回も脱皮する。クルマエビは、1齢の稚エビから体長15㎝ほどの大きさに成長するまでの6～7ヵ月間に、数十回も脱皮する。数十回と極めてあいまいな数字を示したのは、クルマエビでは、もともと脱皮の回数が多いだけでなく、飼育水温の上昇などの変化により、成長に寄与しているとはとても思えない脱皮が起きることもあって正確に摑めないためである。

脱皮と摂餌《せつじ》との関係だが、エビ・カニは脱皮と脱皮の間の脱皮間期に、最も活発に餌を摂《と》る。これは、次なる脱皮つまり外骨格の更新のために、さかんに餌を摂って、消化したタンパク質や糖、脂質、ミネラルなどを、肝膵臓や血液中に貯蔵するのである。エビ・カニは脱皮が近づくと餌をほとんど摂らなくなり、ガザミなどは、何かそわそわしている様子を見せることから、よく観察すれば脱皮が近いことを知ることができる。

脱皮を制御するホルモン

エビ・カニの脱皮は、頭胸部にある神経分泌細胞が集まったY器官が分泌する脱皮ホルモンのエクジステロイドと、眼柄にある神経分泌細胞が集まったX器官が分泌する脱皮抑制ホルモンによって調節されている。

脱皮を促すエクジステロイドの一種の20‐ヒドロキシエクダイソンは、1966年にオーストラリア・シドニーにあるユニオン・カーバイドの試験研究所のF・ハンプシャーたちによって、オーストラリア西海岸の岩礁地帯に棲息するイセエビの近縁種ヤスス・ランディイから初めて取り出され精製された。このとき、ハンプシャーたちが、脱皮ホルモンの抽出・精製に使用したイセエビ近縁種の量は、およそ1tにもなったと報告している。エビ・カニの脱皮を促すエクジステロイドは、イノコズチなどいくつかの植物にも存在することが明らかになっている。

いっぽう、脱皮抑制ホルモンは1986年に、英国ウェールズ大学バンガー校のサイモン・ウェブスターとドイツにあるライン・フリードリヒ・ヴィルヘルム大学のレイナー・ケラーが、ヨーロッパミドリガニを使って抽出・精製し、そのアミノ酸配列を調べ、分子量7200Da(ダルトン)のペプチドホルモンであることを明らかにした。眼柄にあるX器官で生合成された脱皮抑制ホルモンは、神経軸索を通って隣接するサイナス腺に貯留され、脱皮抑制時に分泌される。

脱皮を促すエクジステロイドと脱皮を抑制するペプチドホルモンの分泌は水温と光周期によって支配されている。暖かい海に棲息するクルマエビでは水温が18～26℃、明期《めいき》（1日の昼の長さ）が13～15時間のときにエクジステロイドが分泌され、脱皮する。逆に水温が18℃以下で明期が11時間以下のときは、脱皮抑制ホルモンが働いて脱皮が抑制される。

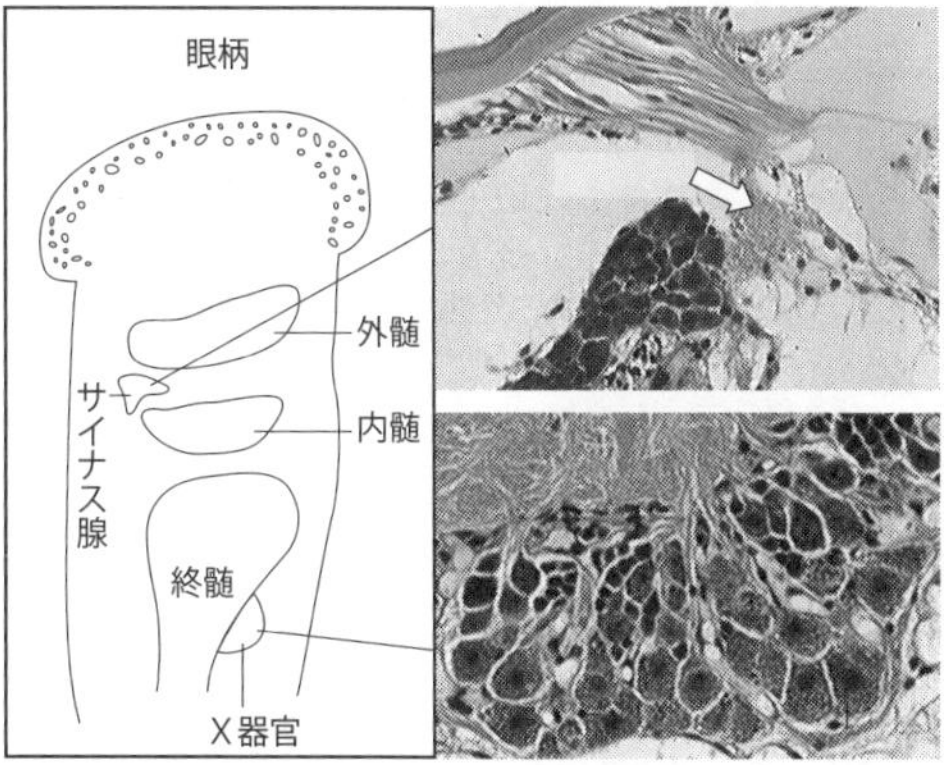

図1―16　クルマエビの眼柄中にある、脱皮を抑制するホルモンを分泌する神経分泌細胞が集まったX器官と、貯留するサイナス腺（右上図の矢印）の光学顕微鏡写真

ところで、眼柄中にある脱皮抑制ホルモンを分泌するX器官とその脱皮抑制ホルモンを貯留するサイナス腺との位置関係に、進化が認められる。根鰓亜目のクルマエビでは、サイナス腺が外髄と内髄の間にあってX器官とかなり離れているが、抱卵亜目のコエビ下目のヌマエビではサイナス腺が外髄と内髄の外に出て、抱卵亜目のイセエビ下目のイセエビでは終髄の先端部にまで下がり、さらに抱卵亜目の短尾下目のヒライソガニでは、終髄の下部を介して反対側のX器官とほぼ同じ位置にまで下がる。このように、エビ・カニでは、最初離れていたサイナス腺が、X器官の間近

表１—17　モクズガニの稚ガニの脱皮回数に及ぼす配合飼料中の粗タンパク質濃度の影響。粗タンパク質濃度が30.6%のときに平均脱皮回数が最も多い。１個体あたりの平均脱皮回数は稚ガニ５個体の平均値を示す。稚ガニは水温25℃、明期15時間と暗期９時間の光周期で２ヵ月飼育（下祢・矢野，未発表より）

	配合飼料中の粗タンパク質濃度(%)				
	13.4	19.9	30.6	43.7	61.9
１個体あたりの平均脱皮回数	1.6	1.0	1.8	1.2	1.4

にまで近づき、神経軸索を通って脱皮抑制ホルモンの移動と貯留を早める進化が起きている。

脱皮に及ぼすさまざまな要因

腹部に卵を抱く抱卵亜目のエビ・カニは、抱卵中に脱皮すると卵が脱落してしまうため、脱皮できない。なかでも、水温１～３℃という低温の海底に棲むズワイガニは、雌の抱卵期間が、ほぼ１年～１年半と長く、この間脱皮できない。そのため雌は甲羅の横幅が７～８cmと小さいままであるのに対し、雄は14～18cmに大きく成長する。

淡水ガニの一種バリテルプサ・クニクラリスの雌では、卵黄形成が進み受精卵を抱卵すると、脱皮を促す脱皮ホルモンを合成・分泌するY器官が退化することで脱皮が抑制されることが報告されている。

いっぽう、腹部に卵を抱かずに、卵を精子とともに海水中に放出する産卵を行うクルマエビなどのクルマエビ科のエビは、脱皮が制約されることはない。そのため、１歳の雄と雌の間にはサイズの差はほとんどない。また、クルマエビの雌は、卵巣成熟後、産卵し、その後すぐに脱皮して再び成熟、産卵を繰り返す。このように、抱卵しないクルマエビ科のエビでは、卵巣成熟や産卵が脱皮を抑制するということはない。ただ、クルマエビは寿命が雌2年、雄1年であり、雌がより長く生存できることから、雌はより多く脱皮でき、雌の体は雄よりもはるかに大きくなる。

また、脱皮は、成熟や産卵以外のさまざまな要因によっても影響を受ける。クルマエビ、イセエビ、モクズガニでは、水温や光周期、餌の量、餌の成分などの違いによって、脱皮の回数が大きく影響を受けることがわかっている。

さらに、餌の成分が栄養学的に不十分な場合や光周期の明期や暗期《あんき》の時間を極端に短くしたりあるいは長くした場合、脱皮そのものに失敗し死亡する個体が多く出現することもわかっている。

これらの事実は、エビやカニは、餌の質や環境の変化によっては、複雑な行程を必要とする脱皮そのものに失敗し、それが死亡の大きな原因となるという高いリスクを負っていることを示している。

第2章　エビ・カニの五感と生殖

本章では、視覚や嗅覚《きゅうかく》、痛覚などの感覚がどのようになっているのか、また、血液や栄養分の吸収のしくみ、さらには生殖のしくみまで、エビ・カニの体について、さらに詳しく説明しよう。

①視覚・嗅覚・味覚・痛覚・聴覚

視覚

エビやカニの眼《め》は、大きく分けて、眼球と、眼球を下または横から支えるための筒状の眼柄から構成されている。眼球を支える眼柄は前後左右に多少動くことができる。しかし、テッポウエビのように複眼が甲皮《こうひ》の窪《くぼ》みに固定されて座着眼《ざちゃくがん》と呼ばれているものもいる。

眼球の過半は個眼が多数集まった複眼となっていて、残りの部分は眼柄の一部が伸びた状態で覆っている。ニュージーランドに棲息する甲羅の横幅が6㎜の小さな淡水ガニ（ハリカルキヌス・ラクストリス）では、片側の眼球の複眼は総数400個の個眼からなることが明らかになっている。

複眼の配置場所から、エビ・カニがどの方向を見ているかがわかる。クルマエビやズワイガニでは、複眼は眼球の前面、側面、上側面、下側面に配置されていて、前と横と上と下を見ていることがわかる。この配置の理由は、彼らの生活場所が海底であり、同じく海底に棲む仲間や外敵、餌の甲殻類やゴカイ、貝類、クモヒトデなどをすばやく視野に捉《とら》えて認識するために、絶えず周りを見る必要があるためであろう。しかし、眼球の背面は複眼が配置されておらず、クルマエビやズワイガニは、体の向きを変えない限り、後ろを見ることができないようになっている（口絵1参照）。

クルマエビ、スジエビ、ザリガニ、イソガニ、イセエビ、ガザミの複眼は、四角柱の個眼から構成され、各個眼は角膜、円錐晶体《えんすいしょうたい》とそれに続く桿状体《かんじょうたい》（感桿《かんかん》）、視細胞からなる。8個の視細胞が円形に配列され、その中心に存在する桿状体が8個の個眼に入った光を集め、明るい像を作るしくみとなっている。このしくみは暗所に強く、エビ・カニの多くが暗い夜に活動する夜行性であることに適応している。

桿状体は視細胞から出る微絨毛《びじゅうもう》が集合したもので、桿状体で受け取られた光の情報（画像）は視細胞の軸索から神経節を通って脳を構成する前大脳へと送られ、最終的に1つの画像を結ぶと考えられる。この最終的に結ばれる1つの画像とはいかなる画像であろうか。複眼を構成する各個眼の視野範囲は狭く、各個眼には小さな四角い映像が映っている。この小さな四角い映像を1つのピースに見立てると、複眼全体では数百から数千個のピースを使って組み立てたジグソーパズルの絵画に似ている。

視細胞と桿状体は、光を遮断する無数の色素《しきそ》顆粒《かりゅう》を含んだ色素細胞によって取り囲まれている。色素顆粒は、光の刺激を受容する桿状体に到達する光量を調節するために、光経路に向かって縦方向に移動する。

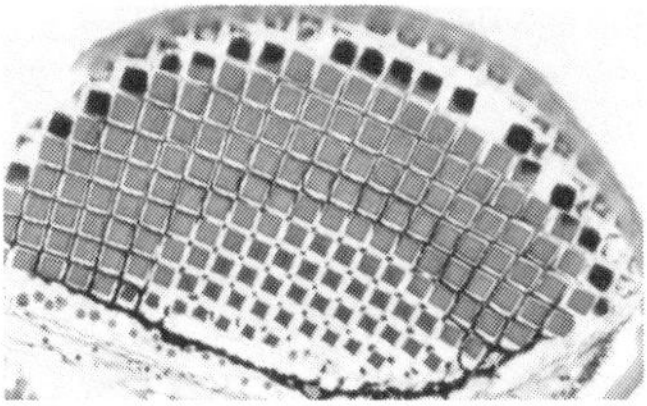

図2—1　クルマエビの複眼の光学顕微鏡写真。複眼は、四角柱の個眼から構成されている

暗い夜には、桿状体への光の透過性をよくするために、色素顆粒は円錐晶体の周りにだけ局在しているが、明るい昼間には、光の刺激を受容する桿状体に到達する光量を減少させるために、個眼の視細胞の周りに色素顆粒が広がるようになる。これらの動きは、サイナス腺から分泌されるホルモンによって調節されている。さらに、光の刺激を受容している桿状体の容積の割合は、夜になると高くなり、昼になると低くなる。つまり、夜になると光を感じる桿状体の容積が増す、すごいと思えるしくみにもなっている。

エビ・カニの視力は、種によって大きく異なる。魚の体表や鰓や口の中を清掃するクリーナーシュリンプは、ものがぼんやりとしか見えないが、獲物に狙《ねら》いを定めてから、ハサミを猛スピードで閉じて出す衝撃波で倒すテッポウエビは、動くものに対してすばやく反応し、優れた空間認識能力の視覚を持っている。

また、エビ・カニの色を識別する能力について、視細胞に電極を刺して活動電位を調べると、アメリカザリガニとサワガニは600nm（ナノメートル。1nmは100万分の1mm）の波長の橙《だいだい》と480nmの青緑の光に最も反応する。また、27種類のカニの視細胞にある、光に反応する視物質の色素の吸収極大波長は、473〜515nmの範囲の青から緑である。ガザミの近縁種のブルークラブの視物質は、青緑の波長500nmに吸収極大を持っている。このように、エビ・カニは、限られた特定の色彩を識別できる。

また、サワガニやアメリカザリガニは、視細胞に微小なガラス電極を差し込んで活動電位を調べると、偏光板を通した光を感じる偏光感度の高い視力を持っている。私たちが偏光レンズを使用すると、眩《まぶ》しさを軽減したり、反射した光などを、より効果的にカットしたりできる。おそらく、エビ・カニは、こうした偏光感度の高い視力を使って、獲物を的確に視野に捉えたり、あるいは外敵をすばやく察知したりしているのだろう。

匂いと味に対する感覚

エビ・カニが餌を探すときは、視覚だけでなく、嗅覚や味覚も使っている。餌から出るアミノ酸のグリシンやアラニン、セリンなどの匂いを触角の感覚毛《かんかくもう》で感知し、その匂いの発生源に近づき、ついで味を感知する感覚毛を備えた鋏脚や歩脚で触って味を確かめ、食べ物と認識することができる。テナガエビ科のエビの一種パラエモン・エレガンスにおいて、触角に直接ガラス電極を差し込んで化学物質に対する触角の感知機能を調べた結果、新鮮なムール貝の抽出物やミドリガニ抽出物、および死んだ同種個体の抽出物に対する反応が確認され、触角が化学物質の感知に重要な役割を果たしていることが明らかになっている。

私の研究室で、モクズガニの幼ガニを使って、餌を探すさいにどんな匂いを指標としているか、水に溶けるさまざまな匂い物質を調べると、グリシンに対して強い反応が認められた。グリシンに対する強い反応は、エビにおいても同様に認められている。このように、グリシンに対し強い反応を示す理由の1つは、エビ・カニが筋肉などの形成に欠かせないアミノ酸を含む餌を常に探しているためであろう。

さらに、モクズガニは、10^{-6}モルという極めて薄い濃度でも、グリシンを感知できることがわかった。このことは、ヒトがグリシンを感知できる濃度（7×10^{-3}モル）に比べて、モクズガニの感度は1000倍ほども高いことを示している。多くの人は、エビ・カニの肉を食べるさい、甘みを持つグリシンなどを味わったときに美味《おい》しく感じている。感度は違うものの、人とエビ・カニが、同じグリシンなどのアミノ酸に対し、好みの化学物質として特異的に反応することは、生物学的に見て、とても興味深い。

エビ・カニは痛みを感じるのか

ところで、現在、エビ・カニが痛みを感じるかどうかが大きな問題となっている。2017年2月、オーストラリアのニューサウスウェールズ州において、動物虐待防止法に違反したとして、ロブスターの下半身を生きたまま切断した会社が有罪判決を受けている。また、2018年1月10日、スイス政府は暴れるロブスターを熱湯に放り込む従来の調理法を禁じ、事前に気絶させてから絶命させることを義務づけている。

エビ・カニが痛みを感じることが、これまでいくつかの実験で証明されている。ヨーロッパミドリガニを明るい水槽に収容すると、カニはすぐに海藻のヒバマタのシェルターに隠れる習性がある。この習性を利用して、ヒバマタのシェルターにカニが入ると、すぐにシェルターに10ボルトの電流を流し、カニを少しばかり感電させると、カニは二度とそのシェルターを利用しなくなることが何度も繰り返して確かめられた。また、中型のエビの触角に酢酸を塗ると、エビは5分間にわたって、水槽の壁に触角を何度もこすりつけるしぐさを示した。これらはいずれも、単なる反射反応ではなく、エビが痛みを感じている証拠と考えられている。

このように、エビ・カニが痛みを感じる動物だという証拠が次々と報告されている。そのため、エビ・カニに痛みを与えずに調理する方法として、事前に気絶させるために電気ショックか機械的な脳の破壊で絶命させることが推奨されている。しかし、電気ショックには設備が必要であるし、脳は小さすぎて見つけるのが容易でないため、これらの処置は誰もが簡単にできる方法ではない。したがって、事前にエビ・カニを、氷で冷たくした真水（淡水に棲む種類の場合）か塩水（海水に棲む種類の場合）にしばらく入れて気絶させる方法が、より採用しやすいだろう。

聴覚と平衡感覚

エビ・カニは、水の振動を音として聞き取ることができる。一例をあげると、テッポウエビが、他のテッポウエビに向けて出すパチンとハサミを鳴らす音（スナップ音）の周波数は、1〜100キロヘルツまでと幅広く、周波数のピークが3〜5キロヘルツ付近であり、他のテッポウエビはこれらを聞き取ることができる。ヒトが聞き取れる音の周波数は、低い音で20ヘルツ、高い音で20キロヘルツであることから、テッポウエビは、ヒトよりもはるかに高い音を聞き取ることができる。

エビ・カニの触角を除去すると音響刺激に対する感受性が観察されなくなることから、触角にある感覚毛を持つ感覚細胞が聴音感覚の一端を担っているようである。

さらに、テッポウエビは平衡胞《へいこうほう》を使って、ヒトが聞き取る周波数よりも少し高い100ヘルツ前後の低い音まで聞き取ることもできる。

エビ・カニは第1触角の基部に、外に向かって開口している小さな袋状の平衡胞（スタトシスト）と呼ぶ器官を1対持っている。開口部は、粗い剛毛と、キチンの薄い層によって保護されているため、平衡胞は外部環境に対して効果的に閉じられている。器官の内部は、楕円形《だえんけい》で内側に湾曲しており、その壁面に感覚毛を持つ感覚細胞が数十個並び、その上にエビ・カニが自身でハサミを使って挿入した数個の砂粒が置かれている。

　エビ・カニは、脱皮するとこの砂粒がなくなることから、再びハサミでつまんで新しい砂粒を平衡胞内に挿入する。この習性を利用して、あらかじめ飼育容器の底に鉄の粒を敷いておくと、エビ・カニは脱皮後、砂粒の代わりに鉄の粒を平衡胞の内部に挿入する。この後、磁石を使って鉄の粒を動かすと、エビ・カニは逆さまなどさまざまな姿勢をとる。さらに平衡胞の内部に微量の水を流し、感覚毛を揺れ動かすと、さまざまな姿勢をとることから、この器官が体のバランスをとるための平衡器官として機能していることが明らかになった。つまり、エビ・カニの体が傾斜すると砂粒が動き、感覚毛を揺れ動かすことで感覚細胞が興奮し、活動電位が発生し、神経を通じて脳に伝わるしくみになっている。

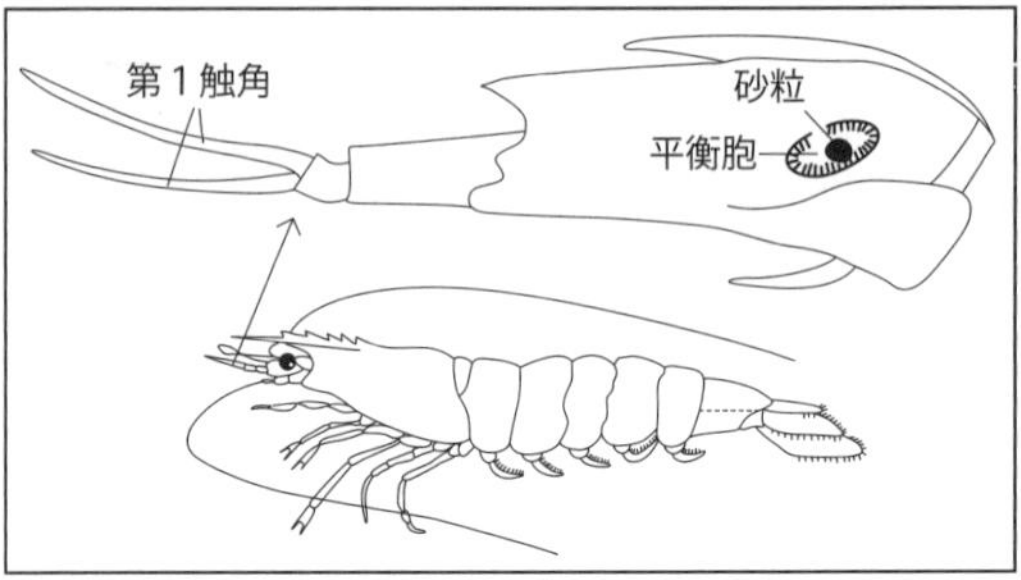

図2―2　ホワイトシュリンプの第1触角の基部にある平衡胞と砂粒

　この後、平衡胞が聴音器官としても機能しているのではないかと想定した研究者たちが、平衡胞内の感覚毛を持つ感覚細胞や中枢神経系の脳や食道神経環にガラス電極を差し込んで、さまざまな周波数の音を水中スピーカーから出して活動電位や誘発電位を調べ、平衡器官を除去したうえで同様の試験を行った。その結果、パドルクラブというカニにおいては100〜200ヘルツ、エビのパラエモン・セラトゥスでは100〜500ヘルツ、アメリカザリガニは200ヘルツ、マッドクラブというカニは80ヘルツの周波数に最高感度で反応した。これらの事実から、エビ・カニは、平衡胞を使って平衡感覚を維持するだけでなく、平衡胞を低周波数の音を感知する聴音器官としても利用していることがわかった。

このように、エビ・カニは、水の振動を音として、平衡胞や触角などの複数の器官を使って、すごいと思える低周波数から高周波数まで幅広い音を感知している。

ヒトの耳は音を聴くだけでなく、内耳の前庭に繋がる三半規管が平衡感覚を司《つかさど》る器官としても機能している。エビ・カニの平衡胞が体の傾斜を知るだけでなく、聴音器官としても働いていることは、エビ・カニを理解するうえでの1つのキーポイントになろう。平衡胞のように、未発見の知覚システムがあるかもしれない。

また、エビ・カニは、地面の振動（地震信号）を検出できる感覚器官を歩脚に持っていると考える研究者もいる。その器官は、歩脚の関節に関連しており、振動を感じると脳と連結する中枢神経系に伝達されるしくみとなっているという。

②血液と栄養

血液の機能

エビ・カニの血液は、採取直後は無色透明でヒトの血液のように赤くない。これは、ヒトの血液が鉄と結合したヘモグロビンを持つために赤いのに対し、エビ・カニがヘモグロビンを持たないためである。しかし、エビ・カニは、鉄と結合したヘモグロビンに代わって、銅と結合したヘモシアニンを持っている。ヘモグロビンが赤血球中にあるのに対し、ヘモシアニンは血球中ではなく血漿《けっしょう》中に存在する。このように、エビ・カニでは、ヘモシアニンが銅と結合して酸素を運ぶ役割を果たしている。そのため、採血直後は無色透明だった血液は、空気中の酸素に触れて酸化銅を形成するため、しだいに青い色に変わっていく。

エビ・カニが、食べたものを燃焼してエネルギーを得るために必要な酸素は、頭胸部の側部に1対ある鰓から取り入れる。血液中に溶け込んだ酸素はヘモシアニンの銅と結合して、心臓から出る血管によって体のすみずみまで送り届けられる。水中に常時いるエビ・カニは、もっぱら鰓を利用して酸素を取り入れているが、陸にいるオカガニやヤシガニは、水のないところで多くの時間を過ごすため、鰓だけでなく、鰓室内にある肺に似た組織も使って空気呼吸している。

人間の血管が末端を閉じた閉鎖血管系であるのに対し、エビ・カニは、血管の末端が開いている開放血管系である。そのため、血液はリンパ液と一緒になっていて、リンパ液の機能も併せ持つため、血リンパとも呼ぶ。酸素や栄養物質を体のすみずみまで運ぶ血液は胃の傍にある造血器官で造られ、免疫機能の一端を担うリンパ液は肝膵臓の傍にあるリンパ器官で造られている。

エビ・カニの血球は、傷口を塞《ふさ》いだり、侵入した細菌やウイルスを包囲し隔離するメラニンを生合成したり、ペプチドを分泌したりすることで、侵入した細菌やウイルスを殺傷する免疫システムに大きくかかわっている。

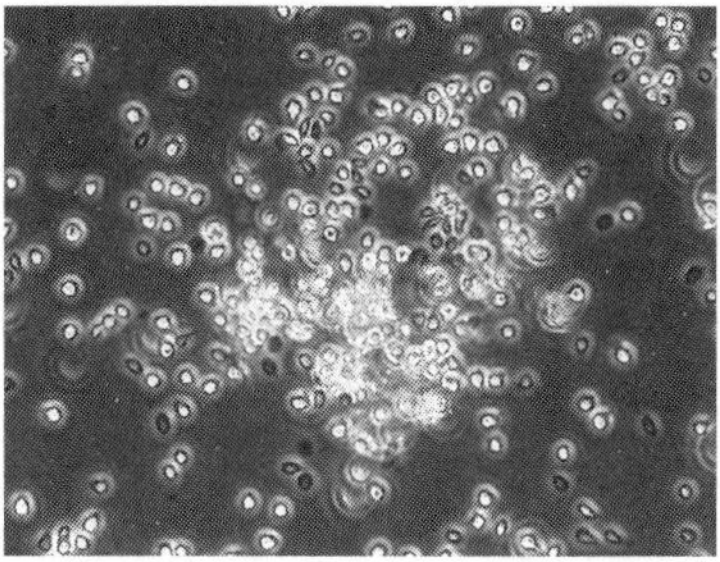

図2—3　クルマエビの血液凝固中に多くの血球が凝集する光学顕微鏡写真

なかでも、血液が凝固することは、傷口から血液が流出するのを止めると同時に、体内に細菌やウイルスが侵入するのを防ぐためにも極めて重要なことである。エビ・カニは、優れた血液凝固システムを持ち、傷を負い血液が流出すると、わずか数秒で血液は凝固し、傷口を塞ぐ。このような血液凝固能力は、血漿中に存在する凝固タンパク（コアギュローゲン）が血球内にある酵素のトランスグルタミナーゼによって化学的に結合するシステムに支えられている。また、血液凝固に必要な血球崩壊と血漿ゲル化はカルシウムに依存している。

なお、私は、エビ・カニの血液の機能を調べるさいに、凝固を止める必要が生じたときは、アミノ酸の一種であるシステインの溶液を使っている。システインを使用する理由は、血液凝固に必要なカルシウムの働きを、システインが酸化されジスルフィド結合を形成することで抑えるためである。

浸透圧調整システム

海に棲息するエビ・カニは、体内の浸透圧を海水の浸透圧とほぼ同じにしているため、体内の水分が外に出て行ったり、逆にミネラルが外から中に入ってきたりすることはない。しかし、淡水に棲息するエビ・カニの体内の浸透圧は、淡水よりも高いため、そのままでは体内のミネラルは外に出て行き、水分は逆に外から中に入ってくる。このため、エビ・カニは、さまざまな方法を使って、体内の浸透圧調整を行っている。

淡水に棲息するエビ・カニは、触角腺を使って、体内に入ってくる水を絶えず尿として外に排出する。そのおり、尿とともに体内のミネラルが失われないように、触角腺の腎管《じんかん》上皮細胞が尿中のミネラルを吸収してから排出している。触角腺は、ヒトの腎臓に相当する器官で、左右の第2触角の基部にあり、薄い緑色をしているので緑腺とも呼ぶ。

いっぽう、海に棲息するエビ・カニは、鰓や触角腺などの細胞膜を通過できるアミノ酸やカリウムイオン、ナトリウムイオン、アンモニウムイオン、炭酸イオン、塩素イオンなどを調節して、体内の浸透圧を海水の浸透圧とほぼ同じにし、体内にナトリウムイオンや塩素イオンなどが浸透して過剰にならないようにしている。産卵のため川と海を行き来するエビ・カニは、移動に応じて体内の浸透圧を変化させて、体内のカリウムイオン、ナトリウムイオン、塩素イオンなどが一定以上に保たれるようにしている。

表2―4　オニテナガエビの稚エビを、異なる塩分濃度の海水で飼育したとき、体内の遊離アミノ酸は塩分濃度が高くなると濃度も高まる。海水の塩分濃度は30〜32‰（Mazzarelli et al., 2015より）

塩分濃度（‰）	遊離アミノ酸濃度（n moles/mg 重量）			
	グリシン	アラニン	プロリン	全遊離アミノ酸
6	91.1	67.6	38.2	395.6
12	119.0	65.3	24.2	405.4
18	63.9	81.7	47.6	553.4

海に棲むエビ・カニは、このようにアミノ酸も使って体内の浸透圧を海水の浸透圧とほぼ同じにしている。これらのアミノ酸の中には、エビ・カニの甘みの素《もと》になるグリシンなどが含まれている。一般的に、海から漁獲されたばかりの新鮮なエビ・カニは、体内のグリシンなどの濃度が高く、食べれば甘く美味しく感じる。この後、もしエビ・カニを塩分が海水よりも低い生《い》け簀《す》や水槽で生かしておくと、浸透圧が下がり、それに伴って甘みの素になるグリシンなどが減少し、食べても甘く美味しく感じないことから要注意である。

摂餌と消化

エビやカニは、ヒトと同様に口から肛門まで消化管が一方通行に

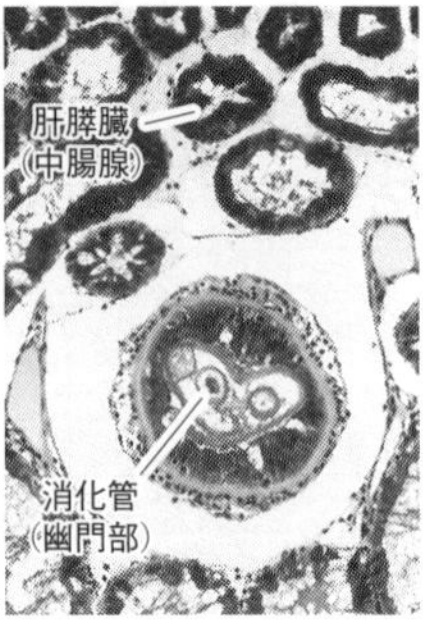

図2―5　クルマエビの消化管の幽門部に隣接する肝膵臓の光学顕微鏡写真

なっている。まず、口から入った食べ物は、食道を通って、胃に入り咀嚼される。胃には、摂った食物を破砕するために先端が尖った細かな歯がいくつもあり、歯で破砕した食物を非常に細かい粒子にするための幾重ものフィルターもある。そしてこのフィルターを通った微粒子だけが肝膵臓の消化管にアクセスできる。胃の後方部は幽門部《ゆうもんぶ》と呼ばれ、中腸と接続して消化の機能を担っている。幽門部に送られてきた食物は搾り取られ、液汁が肝膵臓に送り込まれて消化され、腸や肝膵臓細管で吸収される。液汁以外の残渣《ざんさ》は腸に送り込まれ、エビ類では腹部の末端、カニ類では尾節の末端に開口した肛門から糞《ふん》として排泄される。

エビ・カニの腸内には、シアノバクテリア、放線菌、ビブリオ菌、シュードモナス、フォトバクテリウム、アシネトバクターなどさまざまな細菌が棲んでいて、食べ物の消化を助けたり、健康の維持にも役立っている。

胃と腸の間にある肝膵臓からは、トリプシンなどのタンパク質分解酵素やペプチダーゼ、リパーゼ、アミラーゼなどの消化酵素が幽門部に分泌され、タンパク質はアミノ酸に、糖はグルコースなどの単糖類に、脂質は脂肪酸などに分解された後、消化管の細胞膜を通過して体内に吸収される。また、肝膵臓は、脱皮や飢餓などに備えて、脂質、グリコーゲン、カルシウム、亜鉛などを貯蔵する機能を備えている。一般に、肝膵臓がカニ味噌《みそ》とも呼称され、美味な味がするのはこのためである。

ところで、ミネラルが乏しい淡水に棲むニホンザリガニやアメリカザリガニは、脱皮前に古い外骨格から吸収したカルシウムを使って胃内にカルシウムの塊である胃石を形成し、脱皮後の新しい外骨格の硬化に再利用している。しかし、淡水に棲むその他の多くのエビ・カニは、古い外骨格や食べ物から吸収したカルシウムを、胃石としてではなくカルシウムイオンとして肝膵臓や血液に貯留し、脱皮後の新しい外骨格の硬化（炭酸カルシウムの沈着）に利用している。

性成熟に必要な栄養素

エビ・カニが生きていくうえで、どうしても食べ物から摂取しなければならない成分がある。その1つがコレステロールで、成長に欠かせない脱皮ホルモンの20-ヒドロキシエクダイソンや、雌の性成熟を刺激する17β-エストラジオールなどのステロイドホルモンを、体内で生合成するさいに必要である。魚類などがコレステロールを生合成できるのに比べて、エビ・カニは自分ではコレステロールを生合成することはできない。しかし、餌として小型の甲殻類や多毛類、貝類、デトリタス（動植物プランクトンの死骸《しがい》に微生物が付着したもの）などを摂れば十分な量を得ることができる。デトリタスは、クルマエビ科のエビの主要な餌の1つである。

サワガニやニホンザリガニのように、受精卵が稚ガニや稚エビの形で孵化する種を除いて、多くのエビ・カニの受精卵は、第3章のクルマエビの生活史の箇所で述べるように、稚エビや稚ガニと著しく異なる形態・生活様式をとる幼生の形で孵化する。この幼生の餌は植物プランクトンや動物プランクトンである。

水深100m以浅の砂地の海底に棲むクルマエビの餌は、ゴカイなどの多毛類、小型のエビ・カニなどの甲殻類、アサリなどの二枚貝が多い。それに加えて、小型の巻貝、ホヤ、ヒザラガイ、ヒトデなどの、動かないか動きの少ないさまざまな底棲《ていせい》生物やデトリタスも食べている。

多くのエビ・カニは、やみくもに餌とおぼしきものをハサミで掴み口に入れているわけでなく、食べ物の匂いや味を確かめてから口に入れている。

③生殖のしくみ

種を維持するために必要な生殖のしくみ

エビ・カニの性は、解剖して精巣があれば雄であり、卵巣があれば雌であることを判別できるが、外見からも判別できる。エビ・カニの生殖器は、種によって形態が異なるが、基本的に雌は交尾によって雄からの精子が入った精包を受け取るための生殖孔と、それに続く受精嚢あるいは剥《む》き出《だ》しの受精嚢を持つのに対し、雄は雌の生殖器に精包を挿入するか付着させるための交接器あるいは陰茎を持っている。カニでは、頭胸部の下に折りたたまれた腹節と尾節（いわゆるふんどし）が、雌は抱卵のため大きく丸みを帯びているのに対し、雄は細くなっている。

卵巣は、内部に成熟段階の異なる卵母細胞を持ち、精巣も成熟段階の異なる精母細胞を持つ。

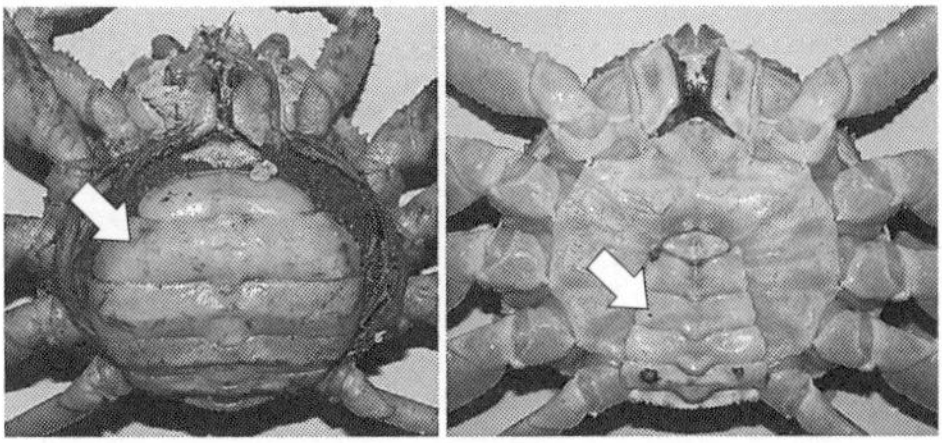

図2―6　ズワイガニの腹節（矢印）は雌（左）と雄（右）では形状と大きさが大きく異なっている

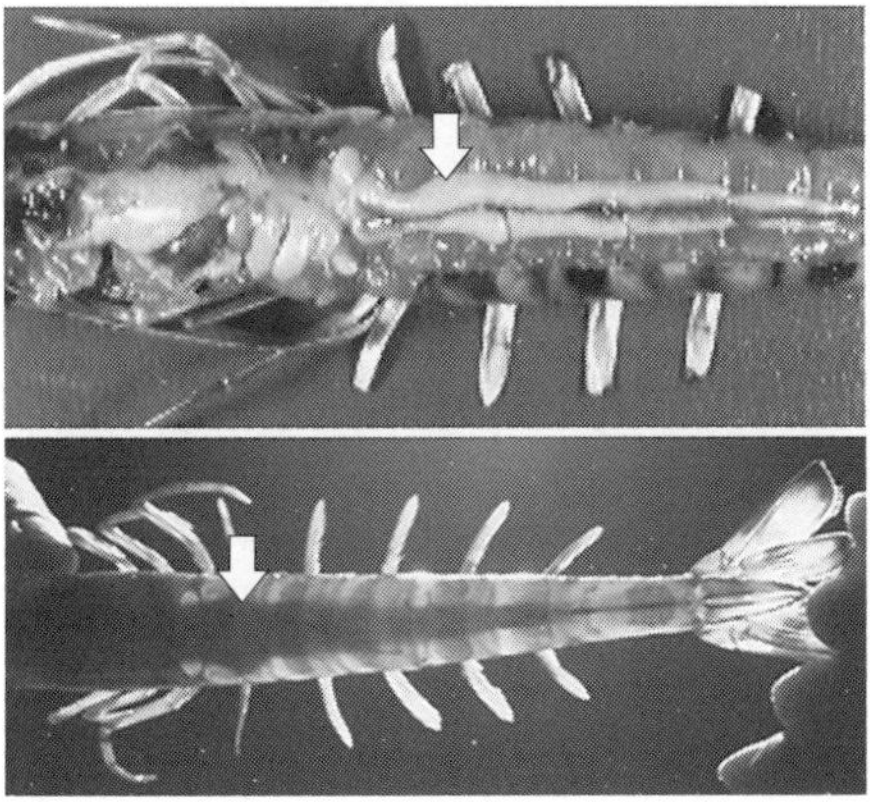

図2―7　クルマエビの雌の産卵直前の頭胸部から腹部にかけて発達した卵巣（上矢印）と、光にかざしたときの卵巣の影（下矢印）

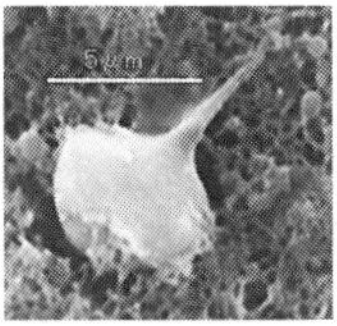

図2―8　クルマエビ精子の走査電子顕微鏡写真

卵巣の輸卵管から成熟した卵が、精巣の輸精管から精子が出る。エビ・カニの交尾の様子は、種によって異なるが、基本的には、雌雄が交尾して雌が雄から精子の入った精包を受け取る。

クルマエビなどの根鰓亜目のエビ類では、雌は抱卵することなく事前に雄から受け取っていた精子と自ら卵巣で造った成熟した卵を同時に放出して海水中で受精させている。受精した卵は、発生が進み、胚体《はいたい》が形成されてノープリウス幼生の形で孵化する。

これに対し、イセエビ、ガザミ、ズワイガニ、モクズガニなどの抱卵亜目のエビ・カニの雌は、成熟した卵を輸卵管から体外に排出するときに、あらかじめ雄との交尾で受け取っていた精包の精子を使って受精させる。受精卵はエビでは腹部、カニでは腹節にある腹肢の付着糸にすぐに粘着する。こうした方法で、抱卵亜目のエビ・カニは腹部か腹節に抱卵する。受精卵が孵化するまでの抱卵期間は、種や棲息域《せいそくいき》の水温などによって大きく異なる。抱卵した受精卵は発生が進み、やがて胚体が形成されて、プレゾエア幼生、ゾエア幼生、フィロソーマ幼生、稚エビの形などで孵化する。

エビ・カニの精子は、鞭毛《べんもう》を持つヒトなどの精子と違って運動器官を持たず、動かないことから不動精子と呼ばれている。クルマエビ、モロトゲアカエビ、オニテナガエビの精子は、突き出たスパイクと内部に大きな核を持つカップ状の形をしている。

動かない精子がどのようなしくみで卵と受精するのか、クルマエビの精子を使って調べた結果、巧妙なしくみで精子が卵に到達し、その遺伝子を含む核を卵内に挿入していることがわかった。雌のクルマエビは産卵（放卵）に際して、卵と精子を同時に海中に放出する。卵は、海水に放出されるとすぐにゼリー状の物質を分泌し、受精膜が新しくできてそれまでの卵膜が崩壊する。このゼリー状の物質と崩壊した卵膜が卵の表面近くにいる動かない精子を包んでパラシュートのような形に変えて、卵表面に軟着陸させ、受精を可能にさせるしくみとなっている。精子の突き出たスパイクが受精膜に溶解効果を及ぼし、精子が貫通するための穿孔《せんこう》をもたらすことによって、精子の核が卵内に侵入し、受精膜付近にまで移動した卵の核と融合する。

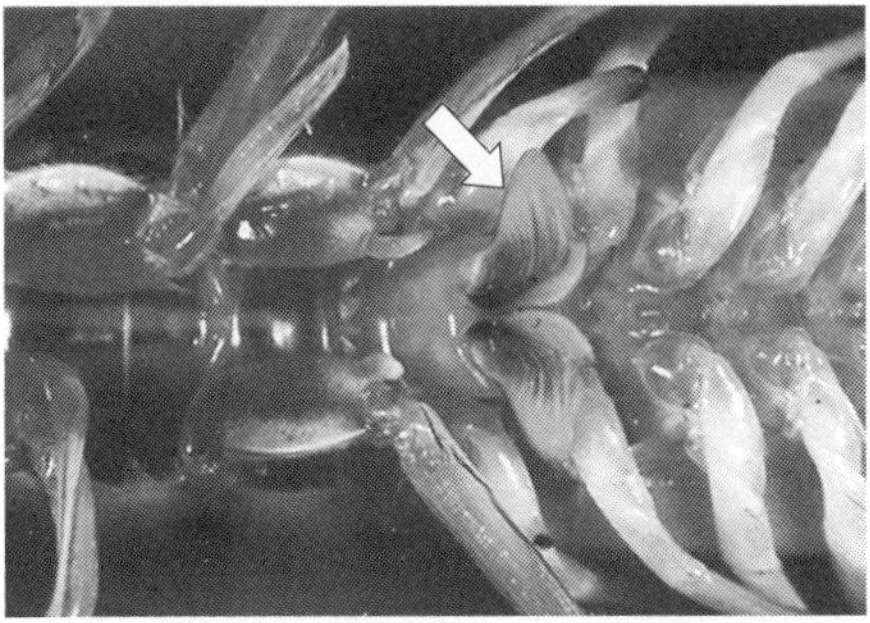

図2—9　クルマエビでは、交尾の後に雄が雌の受精嚢に交尾栓（矢印）で蓋をする

クルマエビ、ズワイガニ、ガザミなどは、交尾の前に雌が脱皮するのに対し、ホワイトシュリンプ（リトペナエウス・ヴァンナメイ）では、交尾前に雌が脱皮することはない。このように、種によって交尾と雌の脱皮との関係は異なっている。

クルマエビでは、雄が脱皮したばかりの雌と交尾し、精子が入った精包を雌の受精嚢に挿入すると、雄は他の雄が交尾できないようにすぐに雌の受精嚢に精巣から出るキチン質の交尾栓で蓋をする。

卵の数と大きさ

産まれてから死ぬまで淡水に棲むニホンザリガニやサワガニは、卵径2～3㎜の大きな卵をわずか30～60個しか産まない。卵はすぐに着底できる稚エビや稚ガニの形で孵化するので、生残率が高い。いっぽう、ガザミ、モクズガニ、クルマエビ、イセエビなど多くのエビ・カニは卵径数百㎛（マイクロメートル。1㎛は1000分の1㎜）の小さな卵をたくさん産み、卵は幼生の形で孵化する。孵化したばかりの幼生は、体がまだ小さくしかも浮遊生活をするために、水中に棲息するさまざまな生物によって捕食されることから生残率が低い。

一度に卵径150～200㎛の卵を8万～60万個海水中に放卵するクルマエビやウシエビ、ホワイトシュリンプ（リトペナエウス・ヴァンナメイ）などのクルマエビ類では、放卵から12時間ほどで孵化し、幼生は条件さえよければわずか10日ほどの浮遊期間で稚エビになる。これに比べて、イセエビ類では、卵径500㎛ほどの受精卵を10万～60万個腹部に抱卵する。受精卵が孵化するのに1ヵ月ほど要し、幼生の浮遊期間も3～12ヵ月と極めて長く、稚エビ（ポストプエルルス）になるまでには長い月日を要する。このように、産卵される卵の大きさや数、孵化時間、幼生の浮遊期間が種によって異なる。浮遊期間が長いと生残率が低下すると考えられるが、イセエビ類はクルマエビ類に比べると成体の数も少ないので、生残率が低くなっても種の維持には問題ないのかもしれない。

夜行性のクルマエビとイセエビは、どちらも夜に産卵したりあるいは孵化した幼生を放出する。クルマエビは、数十万の卵を一度に産み出すのではなく、遊泳しながら少しずつ放卵する。イセエビの雌は、孵化した幼生を海中へ放出するとき、歩脚をピーンと伸ばして体を持ち上げ尾部を高くしてから、腹肢を叩《たた》くようにして激しく動かし、そのとき生じた水流で孵化した幼生を後ろに向かって放散する。これらの行動は、浮遊する卵や幼生を広く拡散させ、生き残りの確率を高めるための行動であろう。

性フェロモンの働き

エビ・カニでは、雌が雄の追尾や交尾を促したり、雄の攻撃性を弱めたりする性フェロモンを分泌している。

ホワイトシュリンプ（リトペナエウス・ヴァンナメイ）、ヨーロッパミドリガニ、ブルークラブ、アメリカンロブスター、ケガニなどでは、雄の追尾や交尾は、雌の触角腺から分泌される性フェロモンが促していることが明らかになっている。ホワイトシュリンプでは、雄の追尾や交尾を誘発する性フェロモンは、成熟した雌からのみ放出される。

アメリカンロブスターは、雌が雄を選んで交尾するだけでなく、しばらくの間一緒に棲み、まるでハネムーンに似た行動を示すことが報告されている。アメリカンロブスターの未成熟な雌は、脱皮する前に、成熟した雄のシェルターを頻繁に訪れて自分の伴侶《はんりょ》を探し回る。そして、雌は自分よりも体が大きくて攻撃的な雄を探し出すと、求愛のために交尾を促す性フェロモン

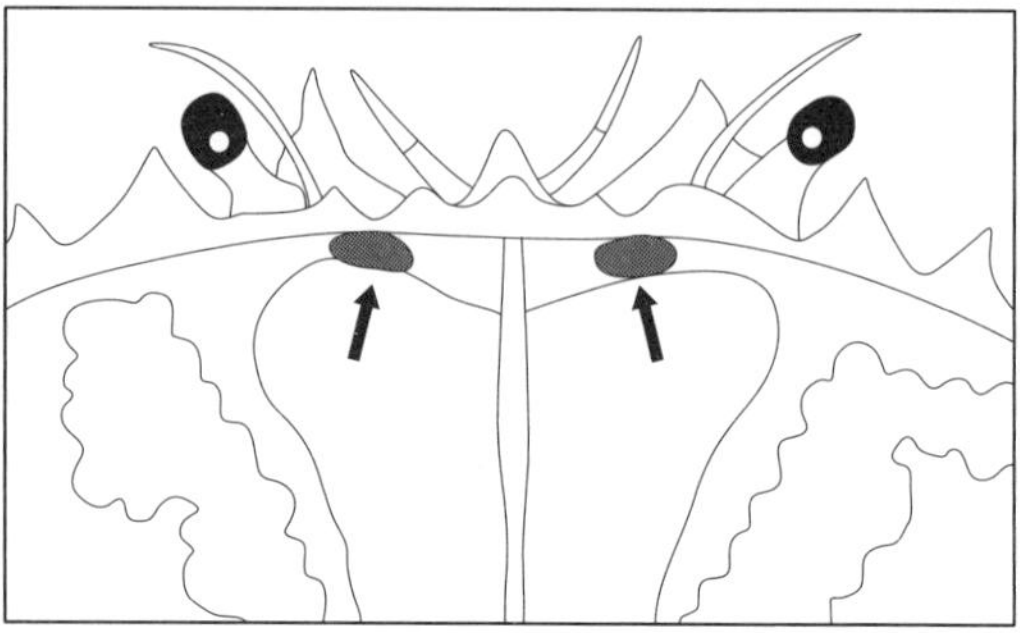

図２―10　カニにおいて性フェロモンを尿と一緒に出す触角腺（矢印）は第２触角の基部に位置している

を含む尿を雄に振りかけて雄のシェルターに入り込む。この後、雌は雄と一緒に1〜2週間過ごした後、脱皮して雄と交尾する。雌は交尾の後に成熟して、交尾のさいに雄から受け取った精包の精子を使って成熟した卵を受精させ、抱卵する。

アメリカンロブスターでは、性フェロモンは第2触角の基部に開口している排泄器官の触角腺から出ていることから、触角腺の膀胱《ぼうこう》から伸びる細い管の周辺に散在する、バラの花びらに似た形状を持つロゼット腺で、性フェロモンが合成・分泌されていると考えられている。

また、ヨーロッパミドリガニにおいて、雌の触角腺から放出される性フェロモンはヌクレオチドであると示唆されている。

ガザミの雄は、脱皮したばかりの雌と交尾する。ガザミの雌が交尾直前に脱皮するのは、雄が交尾器を使って精子の入った精包を雌の生殖孔を通して受精嚢に挿入するときに、もし雌の生殖孔が硬いと精包の挿入がうまくできないためである。いっぽうで、脱皮直後の殻の軟らかいガザミは共食いされやすいことが知られている。このため、雌は共食いされる危険を冒してまでも、交尾前に脱皮していることになる。しかし、交尾のときは、普段と違って雄は脱皮したばかりの雌を襲って共食いすることはけっしてない。

現在、雌の触角腺から出た性フェロモンを含む尿が、雄の攻撃的な性格を低下させることがアメリカンロブスターにおいて明らかになっている。こうした事実から、脱皮したばかりの雌が雄から共食いされることを抑制しているすごいと思える物質は、雌のエビ・カニが触角腺から放出する性フェロモンと考えられる。

第3章　さまざまなエビたちの生態と不思議な行動

本章では、日本や世界に棲息する、いろいろな特徴あるエビを紹介しよう。

日本を代表する美しいクルマエビの生態

クルマエビは、日本をはじめ西太平洋からインド洋における沿岸漁業の重要種である。分布は、フィジー島、ニューギニア、フィリピン、朝鮮半島からインド洋、紅海《こうかい》、アフリカの東海岸までと広域で、水深100mより浅い砂泥地に棲息している。クルマエビは、日本の固有種ではないにもかかわらず、その学名は最初ペナエウス・ヤポニクスと名付けられた（現在はマルスペナエウス・ヤポニクス）。これは幕末期に来日した医師であり博物学者でもあったシーボルトが、帰国のさいにクルマエビの標本をオランダに持ち帰り、ライデンにある博物館で名付けられたためである。クルマエビの名前は、漢字で「車海老」と書くように、体を丸めると体表の縞模様《しまもよう》が車輪のように見えることに由来している。

日本では、北海道南部あたりから南の太平洋側、瀬戸内海と日本海側の沿岸に棲むが、沿岸がサンゴ礁で沖に出ると急に深くなる沖縄の海には棲息していない。なお、現在、クルマエビは、地中海にも分布している。これは、1979年以降、日本から持ち込んだクルマエビの稚《ち》エビをイタリアで親エビに育てて種苗生産した稚エビを、イタリア半島を取り囲む海辺に形成されたラグーンに放流したものが、自然繁殖したものである。

クルマエビは、大きさによって呼び名が変わり、体長10cm以下のものはサイマキ、体長10〜15cmのものはマキ、体長20cm以上のものは大車《おおぐるま》と呼ぶ。クルマエビの寿命は、雄1年、雌2年で、雄は最大で全長19cm、雌は22・5cmにも成長する。

クルマエビは、大きく分けて卵、幼生、稚エビ、幼《よう》エビ、若《わか》エビ、成エビという順序に従って発育する。この間の発育過程は、数多くの脱皮を伴い、特にその初期の幼生においては、複雑な変態を伴う。生育地も幼生の浮遊期、さらにポストラーバ（稚エビ）から、幼エビ、若エビを経て成エビになるまでの底生期と大きく変化する。

未成熟な雌クルマエビは、春から秋にかけての繁殖期に脱皮し、成熟した雄と交尾を行い、精子の入った精包を受け取る。雄は、寿命1年の間に何回も未成熟な雌と交尾する。この後、雌は成熟し、放卵と同時に海中で行われる卵の受精にこの精子を利用する。クルマエビは、最初の1年の20gのサイズまでは大きさに雌雄差がないが、雌の寿命は雄より1年長いため、雌は雄よりはるかに大きく成長する。産卵は、春から秋にかけて、日没後の夜間に行われ、体重

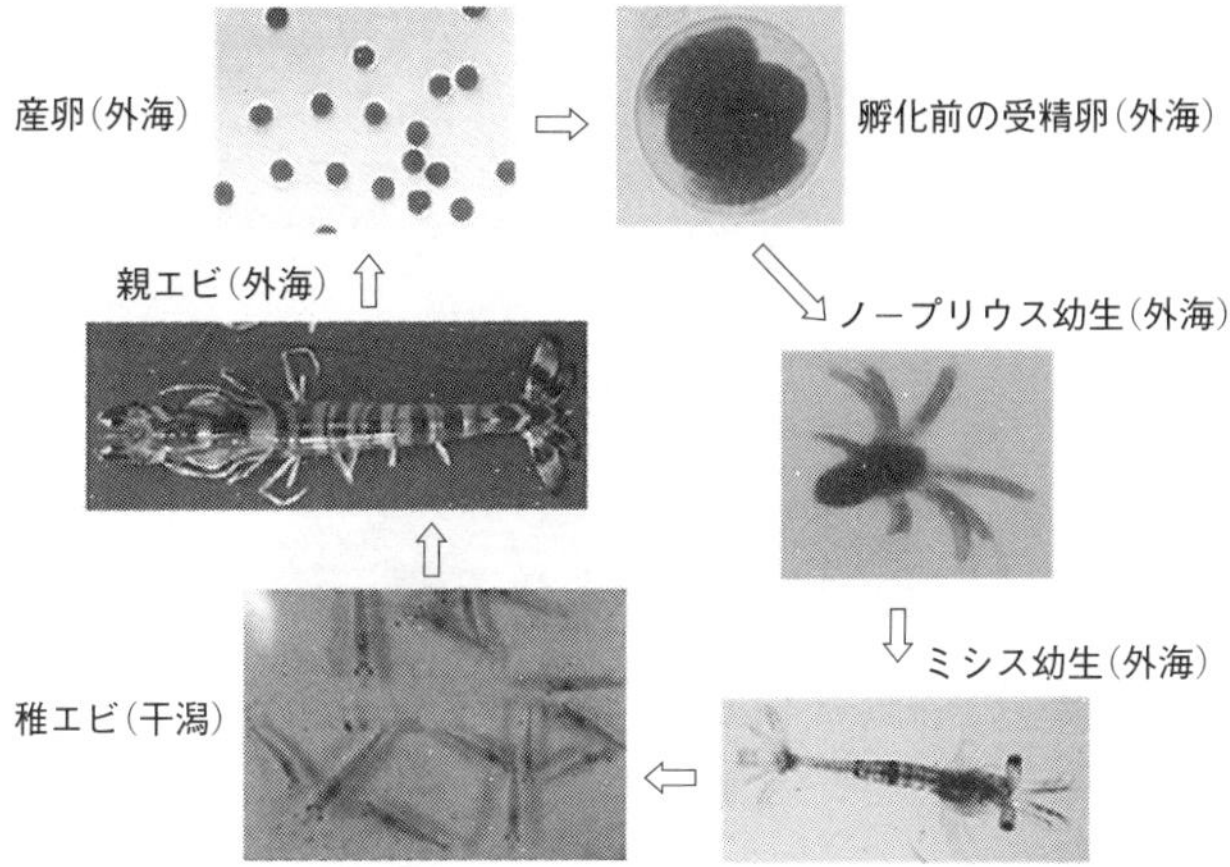

図３―１　暖海域に棲息するクルマエビの外海と干潟での生活史

60～80ｇの雌で30万個前後の成熟した卵を海水中に放出する。卵の放出と同時に、あらかじめ雄との交尾で受け取っていた受精嚢の精包から精子を放出して、卵は海水中で受精する。雌は2年の寿命の間、何回も産卵する。

産卵場所は、塩分濃度の高い外洋性の海水が流れる水深30～70ｍの水域である。受精した卵は、水温25℃では12時間後に孵化してノープリウス幼生となる。その後、ゾエア幼生、ミシス幼生に変態した後に、成体に似たポストラーバ（稚エビ）になる。浮遊期の幼生は、遊泳力が乏しいため、自ら鉛直（垂直）移動を行いながら潮流に乗って接岸し、着底した後、干潟で稚エビ期を過ごす。その後、成長に伴って浅海に移動し、最終的に深さ１００ｍ以浅の砂質の海底で過ごす。

クルマエビの成体は夜行性で、日中は砂に潜って外敵から身を隠し、夜になって砂から這《は》い出て、

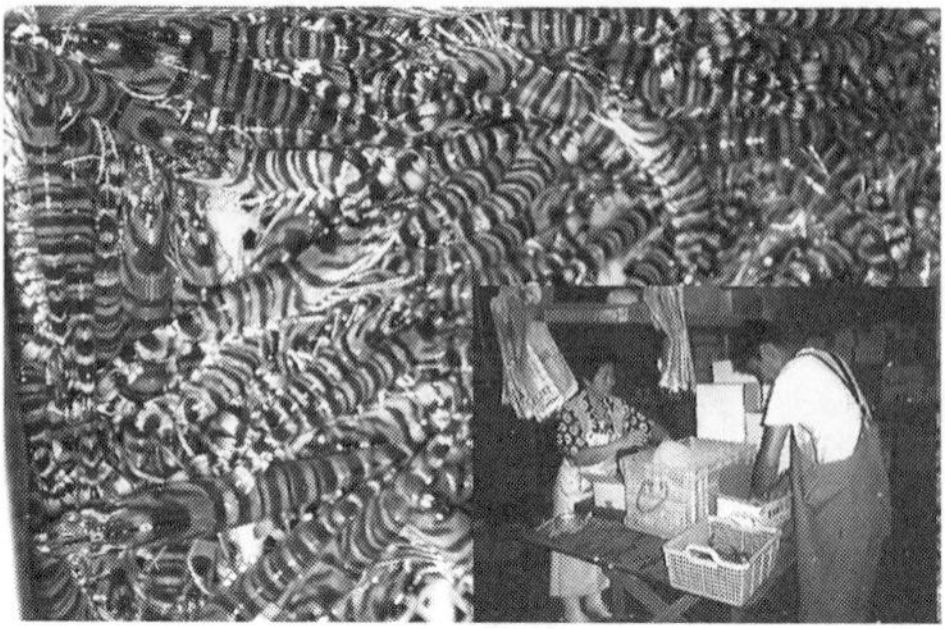

図３―２　沖縄・久米島の陸上池で養殖されたクルマエビはオガクズなどを使って箱詰めにし（右下）、生きたまま都市に空輸される

遊泳肢を使って遊泳しながら多毛類、甲殻類、二枚貝、巻貝などの動物の他にデトリタスを探して食べる。

現在、日本の沿岸では、クルマエビが稚エビ期を過ごすために欠かせない干潟の9割近くがすでに、住宅や工業団地やテーマパークなどの施設建設のために埋め立てられて消失し、海から獲《と》れる成エビはかつての4分の1ほどまでに減少している。このまま干潟の破壊が進めば、美しい姿をしたクルマエビが日本の海から消えてしまう日もそう遠くないかもしれない。

クルマエビは、年間を通して気候が温暖な奄美《あまみ》や沖縄などで2000tほど養殖され、オガクズなどを使って生きたまま、東京、大阪などに空輸されている。

磯の王者の風格を持つイセエビの生態

イセエビは、日本の沿岸漁業を支える重要種である。黒潮が流れる房総《ぼうそう》半島以南の太平洋岸や九州西岸に多く棲息する。イセエビの名前は、漢字で「伊勢《いせ》海老」と書くように、伊勢の海で獲れたことに由来している。江戸時代には江戸では鎌倉《かまくら》から運ばれてきたことから鎌倉海老と呼び、京都では伊勢から運ばれてきたことから伊勢海老と呼んでいた。イセエビは、鎌倉付近では三浦《みうら》半島の先端にある三浦市近辺のリアス式海岸で、伊勢では伊勢湾の湾口の志摩《しま》市近辺のリアス式海岸で獲れる。

このように、イセエビは、外洋に面したリアス式海岸の浅い海の岩礁を棲みかとし、遊泳することはめったになく、岩礁の上や海底をもっぱら歩く。日中は外敵から身を守るために、岩礁の岩棚の下や割れ目に隠れて潜み、夜になると出てきて貝類や小さな甲殻類、多毛類などを捕食する夜行性のエビである。外敵に襲われたときは、腹部をくの字に大きく折り曲げた後、その反動で大きく反り返り、一気に飛び跳ねて逃げていく。寿命は7〜8年だが、ときには雄は、最大で40㎝ほどのサイズ（推定年齢20年）にも成長する。イセエビもクルマエビ同様に、大きく分けて卵、幼生、稚エビ、幼エビ、若エビ、成体という順序に従って発育する。孵化後、フィロソーマ幼生とプエルルス幼生の浮遊期、さらにポストプエルルス（稚エビ）から成エビになるまでの底生期と大きく変化する。

成熟した雌は、5月から9月にかけての産卵期に成熟した雄と交尾を行い、精子の入った精包を受け取る。イセエビの交尾のありさまは、少し変わっていて、夜暗くなると雄が雌を追いかけはじめ、雌は逃げ回り、両者は絡み合ったすえ、互いに直立の姿勢で腹面を接して交尾する。交尾は30秒ほどで終わり、その後20分ほどかけて産卵する。腹部に抱いた受精卵の大きさは、0・5㎜ほどで、体重400〜500gのサイズの雌で40万〜60万個の受精卵を腹部に抱

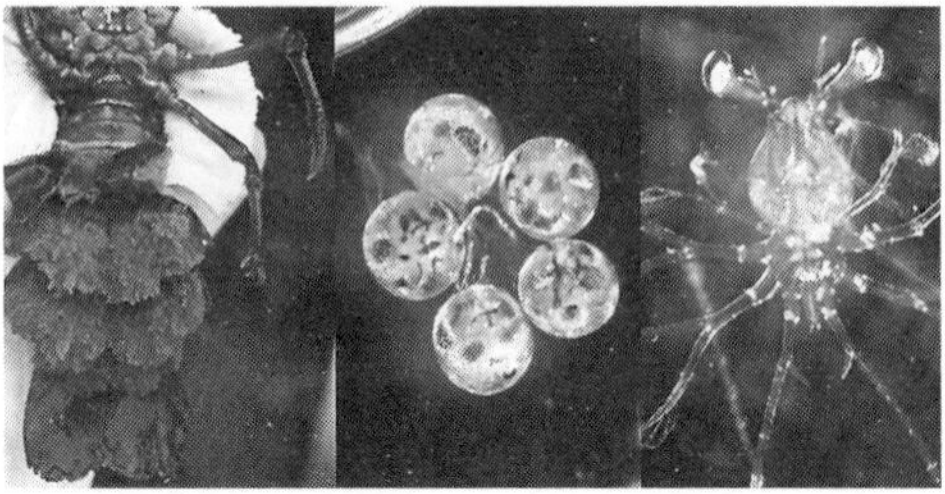

図3−3　腹部に受精卵を抱く雌イセエビ（左）と孵化直前の卵（中央）と孵化直後のフィロソーマ幼生（右）

く。卵は、孵化するまでに1ヵ月ほどかかる。産卵場所は、塩分の高い外洋性の海水が流れる水深3〜20mの水域である。

孵化したばかりのフィロソーマ幼生は、体長が1・5㎜ほどで厚さ1㎜と平たく、その姿はまるでガラス細工のように透明である。10本の長い脚には羽のような毛が付いていて、これを動かして遊泳する。フィロソーマ幼生は、1年もの長い浮遊生活を送りながら、30回脱皮して、親の形に似た体長20㎜ほどの透明なプエルルス幼生に変態する。さらに1週間後に透明さが消えて体色が付いたポストプエルルス（稚エビ）となる。

九州西岸や太平洋岸で生まれたイセエビの幼生は、必ずしも生まれた場所に戻るわけではなく、南方から流れ来る黒潮に乗って広い海洋を浮遊しながら各地の沿岸に運ばれている。ポストプエルルス（稚エビ）は、藻場で生活することが明らかになっている。自然界におけるフィロソーマ幼生とプエルルス幼生の暮らしの実態は、長い間、不明であったが、同じイセエビ下目のセミエビやウチワエビなどのフィロソーマ幼生が、海洋を浮遊するカラカサクラゲやミズクラゲなどのクラゲに取り付いていることが発見されている。この発見から想定すると、イセエビのフィロソーマ幼生も、クラゲの上に乗って広い海洋を漂いながら浮遊生活を送っている可能性が高い。仮に事実としたら、なんとも可愛《かわい》らしい話である。

イセエビは、手で掴むとギーギーと音を出す。イセエビは、第2触角の下にヤスリに似た組織を持ち、この組織を擦り合わせることで、この音を発生させている。イセエビの近縁種のヨーロッパイセエビでは、この音は海水中で最大3kmほどの距離を伝播《でんぱ》することがわかっている。イセエビは社会的な動物であり、多くの場合、集まって十数尾のグループを作り、魚やタコなどの外敵が迫ると、ギーギーと音を出して仲間に危険を警告する。

イセエビは、頭胸部が鋭い棘で覆われていて、これらの棘は、魚やタコなどの外敵に対する防御の機能を持っている。鋭い棘で覆われた長くしなる第2触角を外敵に向かって打つと、皮膚を引き裂く傷を負わせることができる。

また、イセエビはとても器用で、生きたイガイを殻付きのまま与えると、硬い殻を壊すことなく開けて、中身をまるで舐《な》めつくすようにすべて食べる。イセエビはハサミ脚を持っておらず、5対の胸脚はすべて先端が棘のように尖っている。おそらく、イセエビはこの胸脚を使ってイガイを持ち上げ、口の周辺にある顎脚を使って殻を壊すことなく開けて中身を食べていると思われるが、その開け方の詳細についてはいまだ謎のままである。

いっぽう、アメリカンロブスターは乱暴で、生きたイガイを殻付きのまま与えると巨大なハサミを使って硬い殻をこなごなに割ってから中身を食べる。このように同じ餌でも、食べ方は

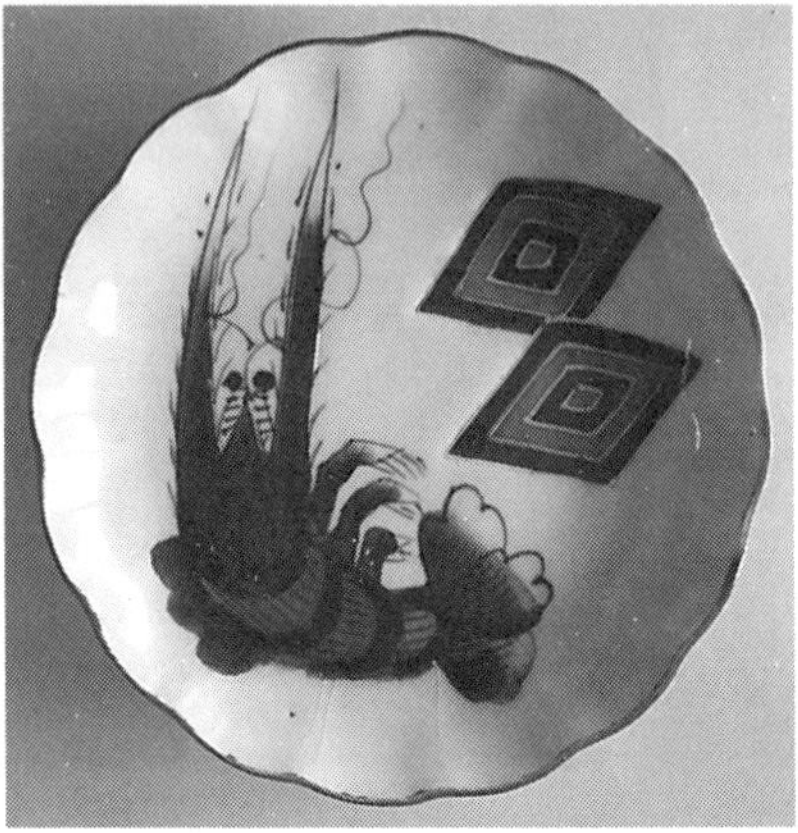

図3－4　古伊万里の中皿に描かれたイセエビ（筆者所蔵）

種によって大きく異なり個性がある。

ところで、今私の手元に、日本人とイセエビとの強い結びつきを示す、一枚の古伊万里《こいまり》の中皿がある。皿は、江戸末期の文化《ぶんか》・文政《ぶんせい》期（一八〇四～三〇年）に佐賀県有田《ありた》の志田窯《しだがま》で焼かれたもので、見込みに染付で1尾のイセエビと三升紋《みますもん》が描かれている。

この絵が何を意味しているのかだが、三升紋は、歌舞伎役者の市川海老蔵《いちかわえびぞう》の定紋であり、描かれたイセエビは、当時江戸で人気のあった市川海老蔵（江戸時代は市川鰕蔵と書いている）を意味している。ところで、なぜ海老蔵と名乗ったのか、諸説があるが、海老蔵は初世市川団《だん》十郎《じゅうろう》の幼名で、江戸の男《おとこ》伊達《だて》として名高い唐犬十右衛門《とうけんじゅうえもん》が、力強く跳ねるイセエビのように、将来豪壮な芸を演じる役者に育ってほしいと名付けたそうである。

駿河湾の深海に棲む海の宝石サクラエビの生態

サクラエビは、根鰓亜目サクラエビ科の小エビである。根鰓亜目は、抱卵しないことが特徴である。この事実からわかるように、サクラエビは、同じ根鰓亜目のクルマエビと同様、エビの中で、地球上に最も早く誕生したエビの祖先種の子孫の1種である。

サクラエビは、体長が35～48㎜の浮遊性の小型エビであり、最深部で2500mにもなる駿河湾《するがわん》に棲息するものがよく知られているが、東京湾や相模湾《さがみわん》の深所にも棲息する。サクラエビの寿命は約15ヵ月で、雌成体の大きさは37～48㎜、雄成体の大きさは35～45㎜である。体色は赤で、濃い赤の斑紋《はんもん》が体全体に見られる。サクラエビは、「桜エビ」とも書くように、天日干ししたサクラエビの体色が、生きていたときの朱色から桜色に変わることに由来する。

産卵は、5月末に始まり、11月中旬まで続くが、7～8月が最盛期である。1尾が1500～2000個の成熟した卵を海水中に放出すると同時に、雄との交尾で受け取った精包の精子も放出して卵を受精させる。雌の親エビは、産卵後しばらくして死亡する。海水中で受精した卵は、1日～1日半でノープリウス幼生の形で孵化する。孵化した幼生はゾエア幼生、さらにミシス幼生に脱皮変態した後に稚エビとなり、3～4ヵ月で2㎝ほどの大きさに成長する。餌は、ゾエア幼生が珪藻《けいそう》などの植物プランクトン、ミシス幼生からは小型の動物性プランクトンを、その後成長とともに大型の動物プランクトンを摂餌する。

昼には水深200～350mの水温9～13℃の水深帯に棲み、夜になって暗くなると群れになって水深20～100mの水温13・5～14℃（2～3月）の浅い海に遊泳しながら浮き上がってくる。1日に数百mも鉛直移動するエビである。また、サクラエビは、暗い新月の夜には、明るい満月の夜に比べてさらに浅い30ｍの上層にまで浮遊して厚い群れを形成し、夜明けとともに群れは散って、毎分1・8ｍほどの速さで再び降下しはじめる。

脱皮は、もっぱら浮上したときの水温が18〜20℃になる10月の夜間に行われる。脱皮は、浮遊しながら飛び跳ねたりして20〜40分で古い外骨格を脱ぎ捨てる。脱皮間隔は、雄が7〜12日で、雌は8〜11日である。

サクラエビは、腹部の表面に155個の発光器を備えている。発光力は微弱であるが、サクラエビが棲息する200〜350ｍの水深にも太陽光からの近紫外線が降り注ぐことから、魚などの外敵から身を隠すため、腹部の発光器を光らせ、下から見られたときの自分の姿や影を消している可能性がある。

ところでサクラエビは、台湾《たいわん》の南西部の深海にも棲息する。台湾の南西部のサクラエビと駿河湾のサクラエビとの間には、大きさや外部形態に違いはなく、体色や発光器の位置や数にも有意差がないことから、両者は同一種とされている。台湾では1〜3月に産卵し、6〜9月に産卵する駿河湾産のサクラエビとは産卵期が異なっている。これは、サクラエビの脱皮や成熟が、昼間の深海部の水温より夜間に浮上する浅海部の水温の影響を受けることを示している。台湾は、駿河湾よりはるかに気温の高い南方に位置し、黒潮の影響も受けて、年間を通して浅海部の水温も高い。いっぽう、深海部の水温は台湾も駿河湾も同じである。おそらく、浅海部の高い水温が、1〜3月という早期の成熟をもたらしていると考えられる。

サクラエビがなぜ、駿河湾から遠く離れた台湾の南西部の海にも棲息しているのか。駿河湾には、最深部が2500mにもなる深海があり、陸上からは大井川《おおいがわ》、安部川《あべかわ》、富士川《ふじがわ》などの大きな河川水が流入している。サクラエビは急深で複雑な地形の湾奥の富士川沖と湾西の大井川沖に群れを作ることが多い。いっぽう、台湾で獲れるサクラエビの棲息域は、台湾の南西部の港町、東港《トンカン》の沖合の水深100〜300mの深海である。この海域に向かって陸上から東港渓と呼ぶ大きな川からの淡水が多量に流入している。しかも、このあたりは、深いところでは500mもある。こうした環境は、サクラエビが棲む駿河湾とよく似ている。また、駿河湾から台湾の南西部の太平洋側には、今も深い海底が広がっているだけでなく、駿河湾や東京湾、相模湾、台湾東港沖合の深海部は、第四紀更新世《こうしんせい》後期あたりから古い陸上谷に接した海底谷がよく発達した環境と言われている。こうしたことが、各湾のサクラエビの棲息に繋がっていると考えられ、サクラエビは今でもこうした深いところを行き来していると思われる。

近年、駿河湾では、サクラエビの不漁が起きている。これは乱獲だけでなく、駿河湾沿岸の開発や大井川や富士川などに利水ダムや砂防ダムが造られていて、陸からの栄養塩を駿河湾に運ぶ役割を担う河川水の量や質が変化していることも理由の1つと思われる。

魚と了解し合って体を掃除する「海の掃除屋」クリーナーシュリンプ

海に棲むウツボやハタなどの魚の体表や鰓にいる寄生虫、口内の食べ残しなどを取り除くクリーナーシュリンプは、世界には51種類が温帯から亜熱帯、熱帯のサンゴ礁に棲息している。日本にも、西太平洋からインド洋に分布し、伊豆《いず》半島以南の南日本にも棲む赤い縞模様のアカシマシラヒゲエビ、西太平洋からインド洋に分布し、奄美大島《あまみおおしま》、沖縄にも棲む真っ赤な体に白い触角を持つホワイトソックス、地中海を除く温・熱帯域に分布し、南日本にも棲むオトヒメエビ、奄美大島以南の南日本からオーストラリアにかけての西部太平洋に分布するミカヅキコモンエビ、八丈島《はちじょうじま》以南の西太平洋からインド洋に分布する触角が白いソリハシコモンエビなどがいる。

クリーナーシュリンプは、魚の体表や鰓に付く寄生虫、口の中の食べカスを食べ、食物として利用し、皮膚や口の中をきれいにする。その結果、魚は皮膚や口内、鰓が清潔で健康に保たれることから、両者は相利共生関係を持つことが知られている。しかし、クリーナーシュリンプは、こうした寄生虫や餌の食べ残しを食べるだけでなく、傷口を治癒し、二次感染を防ぐのに役立っていることがわかってきた。サンゴ礁に棲息する魚は、外敵から襲われたり、仲間同士の争い、硬く尖ったサンゴ礁や貝殻片、フジツボなどとの物理的接触によって、怪我《けが》を負うことがある。負傷した魚は、さまざまなクリーナーシュリンプがいる場所を頻繁に訪れることが観察されている。

魚が怪我をすると、病原体の侵入を受けやすい。クリーナーシュリンプが、傷口の死んだ皮膚組織を食べ、傷口に感染して増殖した真菌などの細菌を食べ、傷口を清潔にすることで、魚

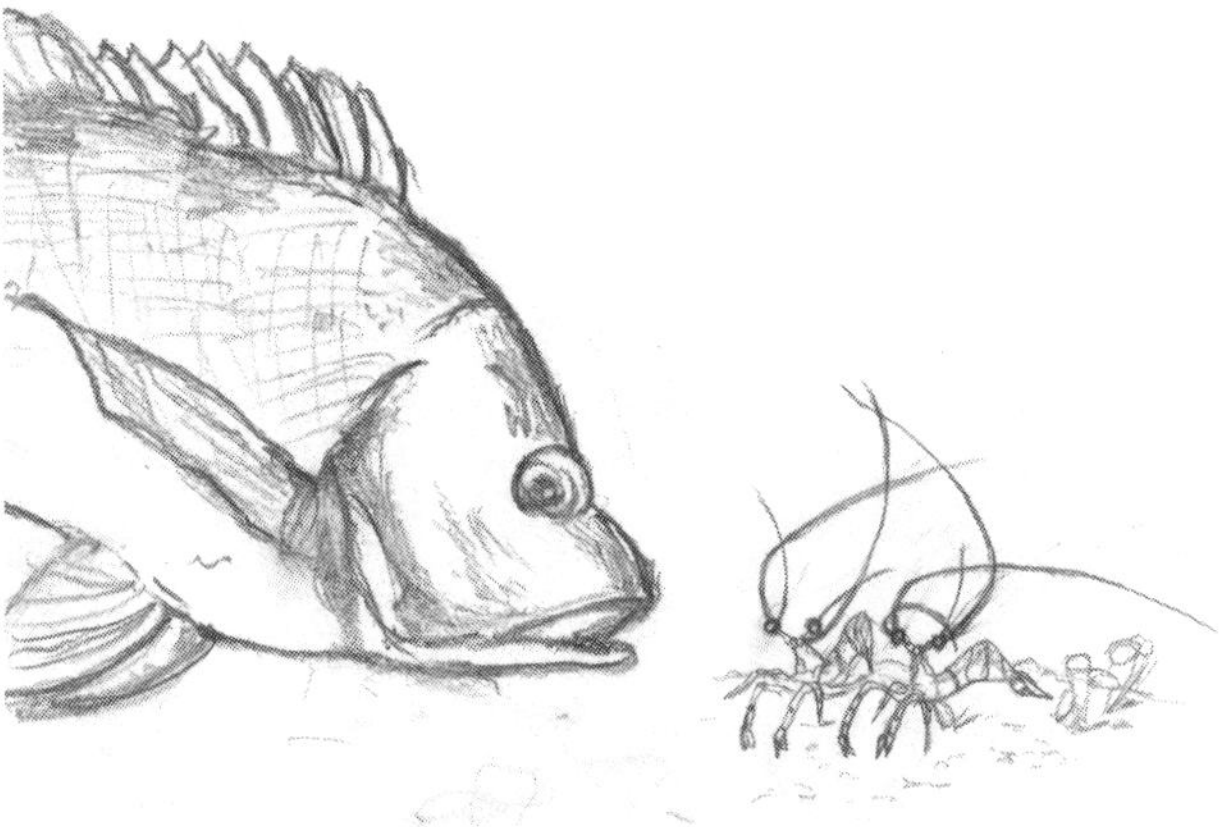

図3―5　魚は白く長い触角を振るクリーナーシュリンプがいる場所に行き、体表を暗くする信号を送って、体の掃除や傷の治癒を依頼する（作図・矢野明子）

の皮膚の発赤が軽減され、やがて治癒することが明らかになっている。

クリーナーシュリンプが魚の体表や鰓だけでなく、ウツボなどの口の中にまで入っているのが頻繁に観察されている。魚にとって、エビは大好きな食物の1つで、事実クリーナーシュリンプを殺して魚に与えると魚はすぐに食べることがわかっている。このことは、クリーナーシュリンプが何かの毒を持っているために魚は食べるのを避けているわけではないことを示している。

それでは、掃除するときはなぜクリーナーシュリンプは魚に食べられないのだろうか。2018年に、米国のデューク大学のエレナー・ケイヴスたちは、カリブ海の水深1～35mのサンゴ礁に棲息するクリーナーシュリンプ（アンキロメネス・ペデルソニ）がブダイやフエダイ、ハタなどの魚の体や口を掃除するときの行動を調べた。すると魚とクリーナーシュリンプが、それぞれ相手にすごいと思える信号を出していることが明らかになった。

まず、ハタなどの魚が、白く長い触角を振るクリーナーシュリンプが棲む場所を訪ねて来て、魚が体表を暗くする。ハタなどの魚の体表の表皮の下の真皮には、メラニンを持つ黒色素胞や赤色素胞、黄色素胞などの色素胞があり、ハタが体表を暗くしたいと思えば、中枢神経系からの指令で交感神経の作用を受けて、色素胞を変化させ体表を暗くすることができる。

体表の明暗の変化をクリーナーシュリンプが認識すると、自らの長い触角を前後左右に大きく振る。クリーナーシュリンプの一種アンキロメネス・ペデルソニの視力は、相手の魚の色や輪郭ははっきりと認識できないが、魚の体表の明暗の変化は十分に認識できることが明らかになっている。いっぽうでハタなどの魚の眼は、クリーナーシュリンプの体色や輪郭だけでなく、30〜40㎝ほど前方にいる全長2㎝ほどの小さなクリーナーシュリンプの細長い触角の動きを明確に識別できる。クリーナーシュリンプの触角に白く長いものが多いことは、触角の動きを薄暗い海底で明確に魚に伝えるためのものと思われる。

その触角の動きを見て、ハタなどの魚は、クリーナーシュリンプが皮膚や口の中をきれいにしたり傷口を治癒したりすることを了解したと知るのである。こうして両者が合意すればクリーナーシュリンプは、ハタなどの魚に食べられずに掃除を行うことが可能になる。

なお、クリーナーシュリンプの視覚はぼんやりとしか見えていないが、さして生活には困らないようである。もし外敵が近づけば、水の振動や水圧の変化をすばやく察知できる優れた感覚毛を体表や触角に持っている。また、餌を探すさいには、視覚だけでなく、餌が発するアミノ酸などの匂いを触角の感覚毛で感知し、その匂いの発生源に近づき、味を感知する感覚毛を備えた鋏脚や歩脚で触って味を確かめ、食べ物と認識する。

クリーナーシュリンプの雌の寿命は3年ほどで、約6ヵ月で性的に成熟し、雄と交尾して精子の入った精包を受け取り、産卵時に精包の精子を使って成熟卵を受精させ、腹部に受精卵を抱卵する。いっぽう、雄は雌より小さく、寿命も2年以内と短い。

越冬と産卵のために片道800kmの距離を泳いで渡りをするコウライエビ

渡りをする生物と言えば、すぐに思い浮かぶのは標高8000mのヒマラヤ山脈を越えて渡るアネハヅルや北米大陸のカナダからメキシコまで渡りをする蝶《ちょう》のオオカバマダラ、それに身近なところでは日本から台湾・東南アジアまで渡りをするツバメがいる。

実はエビ・カニについても、コウライエビやフロリダロブスターのように、数十kmから数百kmも渡りをするエビがいる。いっぽう、カニの中で、「渡り蟹」とも呼ばれるワタリガニ科のガザミは、アサリなどの二枚貝などを摂餌するために、潮の満ち引きに応じて沿岸の干潟と浅海の間を、オールのような第5胸脚を使って遊泳しながら移動するが、その距離はせいぜい数

㎞で、渡りと呼ぶには短すぎる。

体長が20㎝前後のコウライエビは、大正《たいしょう》エビとも呼ばれ、1980年代の半ば頃まで家庭の食卓を彩るエビ料理にはこのエビがもっぱら使われていた。ところが乱獲のため食卓から姿を消してしまい、その後は東南アジアやラテンアメリカなどで養殖されるブラックタイガーシュリンプ(ウシエビ)やホワイトシュリンプにしだいにとって代わられ、今日に至っている。

なぜ、コウライエビが日本の家庭の食卓から姿を消したのか。その理由は、このエビの習性にある。詳しくは後述するが、コウライエビは、越冬と産卵のために中国沿岸の渤海湾《ぼっかいわん》とその周辺海域から韓国済州島《チェジュド》の西方海域の間を行き来する渡りをする。そのさいに、数千尾から数万尾が群れをなして遊泳しながら移動する。この群れをなして移動する習性が禍《わざわい》した。1920年代に入って、黄海《こうかい》で大量に漁獲されるようになった。1980年の3万3000tの漁獲量をピークにして、乱獲のために漁獲量は減少の一途をたどり、現在では、わずか700tにも満たないほどまで減少している。

コウライエビは、クルマエビと同じクルマエビ科に属し、朝鮮半島西岸、黄海、渤海、遼《りょう》東《とう》半島および山東《さんとう》半島の沿岸に分布する。各沿岸で成長した成エビは、秋に水温が低下しはじめると大きな群れを形成しながら黄海を通って、済州島の西方に位置する北緯34度東経124度付近の海域に達すると越冬する。この海域は、黒潮の支流の1つ黄海暖流が流れているため、冬でも水温が13~15℃と高い。越冬後の成エビは、雌雄によって行動が大きく異なる。雌は、

12月から翌年の1月まで越冬した後、2月になると、産卵のために再び黄海を通って朝鮮半島西岸や渤海、遼東半島および山東半島の沿岸に戻る渡りをする。各沿岸に到達した後は、水深10mほどの海底で産卵する。いっぽう、雄は、そのまま留《とど》まり、3ヵ月ほど過ごした後、死亡する。なお、雄は、越冬前に雌と交尾し、精子の入った精包を雌の受精嚢に挿入する。

越冬あるいは産卵のために渡りをする距離は、最も長い渤海沿岸から済州島西方海域までがおよそ800kmもある。したがって、雌は最長で往復1600kmも渡るのに対し、雄は最長で片道の800kmのみである。雌雄の成長や寿命に差があるのかを飼育して調べた報告によれば、雄は孵化後250日で体長が15cmほどになるのに比べて、雌は20cmほどにも大きく成長する。また、雄は孵化後350日で死亡するのに対し、雌の死亡は孵化後420日と、より寿命が長いという。このことは、2倍の長さの渡りをするコウライエビの雌は、雄よりも体が大きく、しかも寿命も70日ほど長くなっていることを示している。

いっぽう、コウライエビの雌の寿命を近縁種のクルマエビの雌の寿命2年と比べると明らかに短い。この事実から、コウライエビの雌は、往復1600kmを遊泳しながら移動するために多大のエネルギーを消耗しなければならず、そのために寿命が短くなったのではないかと想像している。

私は、中国浙江《せっこう》省寧波《ねいは》市近郊のコウライエビ養殖池で、体長7〜8cmの大きさに育った数百尾のコウライエビの若エビが、1つの群れになって明るい日中に池の水面近くをすばやく移動

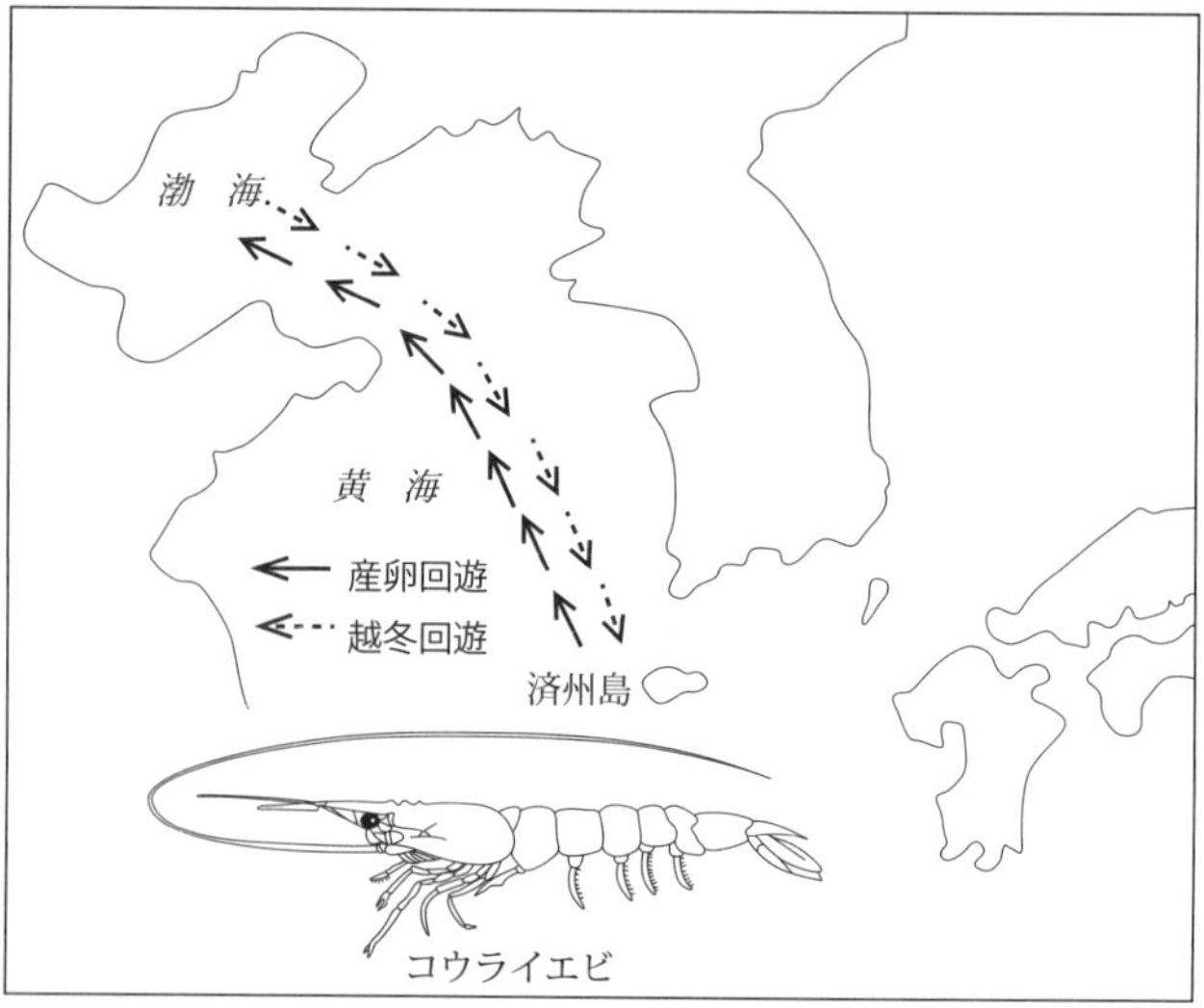

図3―6　コウライエビの秋の越冬回遊と春の産卵回遊。泳いで片道800kmの渡りをする

するのを何度か観察したことがある。このとき、コウライエビの若エビの遊泳速度は、およそ秒速30㎝ほどであった。

1930年代の後半から1960年代の初頭にかけて行われた、長崎大学の里内晋《さとうちすすむ》や日本水産株式会社研究所の笠原昊《かさはらひろし》、西海区《せいかいく》水産研究所の池田《いけだ》郁夫《いくお》たちの調査によって、コウライエビが越冬のために渤海沿岸から済州島西方海域に、そして産卵のために済州島西方海域から渤海沿岸に移動するのに要する日数はそれぞれおよそ4ヵ月であることが明らかにされている。したがって、片道で最長800㎞ほどの距離を、仮にこの遊泳速度秒速30㎝（時速約1㎞）で4ヵ月ほどかけて渡りをすると、コウライエビが1日に遊泳し移動する時間は、わずか6～7時間になる。残りのおよそ17時間は、コウライエビは海底で休むかあるいは摂餌していると思われる。

先ほど述べた寧波市近郊のコウライエビ養殖池で遊泳速度を観察したのは、体長7～8㎝ほどの若エビであり、実際に渡りをするエビは、さらに成長した体長15～20㎝ほどの成エビであることから、おそらく成エビの遊泳速度はもう少し速く、1日に遊泳して移動する時間はもう少し短縮されるだろう。また、クルマエビ科のクルマエビやホワイトシュリンプ（リトペナエウス・ヴァンナメイ）の遊泳速度は、水温と塩分に影響を受けることから、コウライエビの渡りに要する日数は、その年の降水量や水温の変化によって多少変動するものと思われる。

コウライエビは、遊泳するときに、腹部の5対の扁平な形状をした遊泳肢（腹肢）を前後に激しく動かして前進するが、遊泳肢の形状や大きさは、近縁種のクルマエビと大差ない。クルマエビは、渡りはしないが1日に数㎞ほどは遊泳移動する。コウライエビの1日の移動距離は7㎞ほどで、クルマエビと大差ないことから、特別に遊泳肢を発達させる必要はなかったのかもしれない。

コウライエビはなぜ渡りをするのか

ところで、コウライエビは水温の変化に応じて渡りを開始しているが、何を指標にして方向を決め、片道が最長800㎞もの渡りをしているのだろうか。コウライエビが養殖池で、明るい日中に群れをなして遊泳することを私は何度も観察していることから、渡りをするさいにも、同様に移動していると思われる。明るい日中に群れをなして黄海を渡ることができるのは、中国の北部から流れる全長5464㎞の黄河《こうが》から黄土を含んだ大量の淡水がまず渤海湾に流れ込み、ついで黄海に流入するために、黄海がその名のとおり昼夜を問わず黄色に濁った海となっていて外敵の魚などから見つけられにくくなっているためである。黄海の海水の清濁の度合いを示す指標の透明度（直径25〜30㎝の白色の円盤を水中に沈めていき、識別できなくなる深さ）は1・2mほどでとても低く、非常に濁っている。

なお、コウライエビのように明るい日中に遊泳しながら移動するクルマエビ科のエビは、他にホワイトシュリンプのリトペナエウス・セティフェルスやリトペナエウス・ヴァンナメイがいるが、すべてミシシッピ川が流れ込むメキシコ湾、パナマ太平洋側沿岸の海水の流入が少ないラグーンなどの濁った海域に棲むエビである。これとは逆に透明度が26〜34mと高い日本の暖流海域に棲むクルマエビは、明るい日中は外敵の魚などを恐れて砂に隠れており、暗い夜になって砂から這い出て遊泳しながら移動する。

コウライエビが日中に渡りをしていることから、渡り鳥のように太陽コンパスを指標にしていることも考えられなくもないが、渡りをする黄海は昼夜を問わず濁っているので、それは難しい。1970年代の初頭から1990年代の後半にかけて、イタリア・フィレンツェ大学のマルコ・ヴァニニたちは、ワタリガニ科のタラミタ・クレナタをはじめとする数種のカニが移動した後のホーミング（帰巣）は、記憶によるものであることを報告している。しかし、コウライエビは、雌雄とも秋の渡りについては初めての経験であり、記憶をたどって渡ることなどできない。

コウライエビが秋に渡りを開始する時期は、渤海湾、山東半島、遼東半島、朝鮮半島西岸の各沿岸の水温が下がりはじめ、黄海の中央部付近にまで流れ込んでいて済州島の西方海域にまで繋がる暖かい黒潮暖流の支流との間に水温差ができる。おそらく、コウライエビは、この水温差を指標にして、つまり水温のより高い海域を目指して渡りをしているのではないかと私は考えている。ただ、水温がより高い海域を求めるのであればさらに南に向かって渡りを続けるはずだが、済州島西方の北緯34度東経124度付近の海域で渡りは終了する。おそらく、コウライエビでは、秋の渡りのさいに求める水温帯が、済州島西方海域の12月の水温13〜15℃の範囲に遺伝的にプログラミングされているのではないかと考えている。

ところで、コウライエビが、なぜ渡りをするようになったのか、その理由について疑問が残る。この点については、次のように考えられる。コウライエビが繁栄していた数十万年前、中国沿岸の渤海とその周辺の海域は、1年を通して温暖で、繁殖も順調に行われていたが、その後の地球気候の変動で、渤海とその周辺海域の冬季の水温がしだいに下がって繁殖が難しくなった。そこで、冬季は越冬のため暖かい済州島西方海域に移動し、春になって渤海とその周辺の海域の水温が上昇すると産卵のために戻るという、地球気候の変動に対する適応が、渡りという形で気の遠くなるような歳月をかけてなされていったためではないかと思っている。

縦一列の数珠繋ぎで渡りをするフロリダロブスター

北アメリカ大陸南東部のフロリダ半島の沿岸からバハマ諸島沿岸の、深さ3～15mの海底に棲息するフロリダロブスター（パヌリルス・アルグス）は、毎年秋になると整然と隊列をなして胸脚を使って海底を歩行しながら渡りをすることが知られている。

フロリダロブスターの体長40cmほどの成体は、雌雄とも毎年秋になると海岸に近い浅所から群れとなって、30～80kmも離れた沖合のメキシコ湾流の暖かい海域に渡りをする。翌年春には、再び元いた場所に戻るための渡りもする。群れの大きさはまちまちで、小さな群れは1300尾ほど、大きな群れになると20万尾ほどから形成されている。大きな群れの中には、端から端までの距離が最大で2kmほどにもなるものもある。大きな群れは40～220尾ほどのいくつもの小さな集団に分かれている。

普段、フロリダロブスターは、明るい日中はサンゴ礁や岩礁の隙間《すきま》に隠れていて、日没後の暗い夜に餌を求めて活動する。しかし、渡りのときは、夜間だけでなく、明るい日中にも移動する。フロリダロブスターの歩行速度は、秒速2・8cm（時速約0・1km）ほどである。また、移動距離とかかった日数を調べたところ、30kmを20日間ほどかけて歩き、1日に1・5kmほど歩いていることがわかっている。したがって、フロリダロブスターが1日に歩いて移動する時間は、15時間ほどになる。残りのおよそ9時間は、休むかあるいは摂餌していると思われる。

このようにフロリダロブスターが隊列をなして集団で移動する習性を持つために、漁師にとって時折思いがけない大漁がある。１９６９年にバハマ諸島沖のビミニ島で、わずか5日間の間に10人の漁師によって2万尾のフロリダロブスターが捕獲されたという記録が残っている。

渡りをするときは、後ろのエビは前に歩くエビにぴったりとくっついているので、１つの群れの中の小集団はまるで数珠のように繋がっている。縦一列になって移動するときにリーダーに相当するものはおらず、先頭のエビは時々後方にまわり、2番目のエビが先頭に立つことが知られている。隊列を組むさいに、前を歩くエビの確認は、明るい日中は視覚と長い第2触角を使って直接体に触れて確認しているが、暗い夜間は、第2触角のみを使って前に進むエビの体を触りながらついていく。

渡りをするときになぜ縦一列になって移動するのだろうか。フロリダロブスターは、明るい日中はサンゴ礁などの隙間に隠れている。しかし、明るい日中に、隠れる場所がまったくなく、外敵の魚などがいない水槽中に20尾ほど入れると、渡りの時期でなくてもすぐに3、4尾が縦一列に繋がる。このことは、たとえ外敵がいなくても明るい日中に隠れる場所がない場合は、仲間のエビがいればすぐに繋がることを意味している。また、複数のフロリダロブスターが繋がる行動は、成長したエビだけでなく若いエビでも頻繁に見られる。

繋がりは多くの場合、ほぼ直線である。しかし、同じ海域に棲息する外敵のケショウモンガ

図3—7　縦一列になって歩いて渡りをするフロリダロブスター
（作図・矢野明子）

ラなどが攻撃してくるときは、直線が渦巻状に変わり、しだいに1つの塊になる。このとき、塊になったすべてのフロリダロブスターは、外敵を威嚇するために棘の付いた長い第2触角を外側に向けている。

フロリダロブスターは、単独で行動した場合、鋭い歯を持つケショウモンガラからしばしば捕食されているのが観察されている。この魚は、フロリダロブスターを襲うときは、最初に眼柄を嚙《か》み切って眼を見えなくしてから軟らかい腹部を攻撃する。もちろん、フロリダロブスターも鋭い棘で覆われた大きな第2触角を魚の方向に向けて威嚇するが、魚のほうが知恵者である。しかし、こうした魚の攻撃もフロリダロブスターが互いに繋がっているときは、ほとんど効果がないことがわかっている。したがって、繋がって移動する行動は、魚などの外敵から身を守るための集団行動である。おそらく、単独で移動するよりも、縦一列に繋がって移動するほうが外敵から襲われる心配も少なくスムーズに移動できるのであろう。

また、魚の視覚が減退する暗い夜間にも、明るい昼間と同様に一列に繋がっている。これらのことは、互いに繋がって移動する行動は、単に外敵から身を守るためだけでなく、同じ方向に向かうための集団行動でもあることは間違いない。

渡りをするためのフロリダロブスターの能力とは

ところで、フロリダロブスターは何をきっかけにして海岸の浅所から沖合に向かって移動を開始しているのであろうか。コウライエビと違って産卵は関係ないことがわかっている。現在のところ、３つの説が提唱されている。第１が寒さを避けるためという避寒説である。つまりフロリダロブスターが好む水温帯は30℃ほどだが、移動は水温が５℃ほど低下しはじめる秋に開始されることから、より水温の高い場所を求めて移動するという説である。

２つ目がハリケーンがもたらす暴風と豪雨による海水の攪拌《かくはん》を避けるために移動するという説である。なぜなら、移動は、ハリケーンがフロリダ半島周辺海域に頻繁に来襲する９月から11月に限って起こることから、という説である。しかし、フロリダ州立大学のウィリアム・ヘルンカインドによれば、平穏な天候が続いた1969年の10月の2週間ばかりの間にも、フロリダロブスターが一列になって移動するのを観察していることから、ハリケーンを避けるためにフロリダロブスターが移動しているとは考えにくいと言う。

最後の3つ目が、摂る餌の種類が変わったときに移動するという説である。ヘルンカインドは、水槽でフロリダロブスターを飼育していた折に、与える餌をアサリから魚の切り身に換えたときにフロリダロブスターが一列になって移動しはじめることを観察した。この結果から、彼はカリブ海では9月から11月にかけてなんらかの理由で好物の貝類が不足するようになり、そのためフロリダロブスターは貝類を求めて沖合いの暖かい海域に向かって移動すると考えた。フロリダロブスターは、さまざまな種類の餌を摂るが、特に好むのが小型の貝類（二枚貝）である。

3つの説はいずれもそれなりの根拠があり、今のところ、どの説が正しいかを決めることは難しい。

しかし、秋にフロリダロブスターが水温の低下あるいはハリケーン襲来、餌の貝類不足のいずれかが原因になって渡りを開始したとしても、何を指標にして方向を決め、数十㎞もの距離を歩いて渡っているのだろうか。フロリダロブスターの寿命は、雌雄とも20年ほどであることから、多くのフロリダロブスターは何度か渡りを経験していると考えられる。移動のさいに、縦列の先頭に立つ個体が渡りの経験を持つリーダーとして仲間を先導していると考えられなくもないが、これまでのところ、常に先頭に立つリーダーらしき存在は認められていない。したがって、移動するすべてのフロリダロブスターが方位を知る能力を備えていると考えるのが妥当であろう。

では、その能力とはなんであろうか。フロリダロブスターが毎年秋に長距離の渡りをするときは、いつも目的地まで正確に渡りをしていることから、方位を知るために羅針盤に相当するものを持っていることが古くから想定されていた。だが、それが何かは長い間不明であった。

フロリダロブスターは、秋の大移動のように長距離ではないが短距離の移動であれば毎夜のように行っている。明るい日中はサンゴ礁の隙間などに隠れていて、夜暗くなると餌を探して数百m移動した後、再び夜があける前のまだ暗い中、元の隠れ場に戻ることがわかっている。周囲が暗いので視力を使っているわけではないことは間違いない。暗い夜は、当然のことながら太陽も見ることができないため、渡り鳥のように太陽コンパスを指標にすることもできない。

1975年、ヘルンカインドたちは、カリブ海に浮かぶ米国保護領ヴァージン諸島のセント・ジョン島の岩礁の、それぞれ別の場所で捕獲したフロリダロブスターに超小型の発信機を取り付けた後、北西に向かって600mほど遠方にある海藻が茂る砂地から放すと、翌朝にはほぼすべてのフロリダロブスターが捕獲した場所かその近くに戻っていた。捕獲した場所とのずれはわずか3～30mの範囲であった。このとき、戻る途中の方位を調べたところ、放した直後はやや方位がずれていたが、途中のサンゴ礁を通過する頃には方位が正しく修正されていることが判明した。また、このとき、一部のロブスターは、他の多くのものが放された位置からさらに南に向かって数百mほど遠方から放したが、やはり直後は方位がややずれていたものの翌朝には捕獲した場所から30mほどの岩礁に戻っていた。

いっぽう、1995年、ノースカロライナ大学のケニス・ローマンたちは、フロリダロブスターが元いたところに戻るさいに視力を使っているかどうかを調べた。フロリダロブスターの左右の眼球の表面を不溶性のインキで塗り、眼を見えなくして頭胸部の前方を捕獲した場所とは逆の方向に向けて放したところ、数十mほど歩いた後に、体を反転させて、元いたところの方位に向けて歩行することがわかった。さらに、フロリダロブスターの両眼をキャップで覆って、眼を見えなくして10kmほど離れた海に運び、海底に設置した平たいアクリル板の上にこのフロリダロブスターを置いた。そして、フロリダロブスターがどの方向に向かって歩行するか水中に潜って真上から観察した。その結果、フロリダロブスターは、しばらくしてから捕獲した場所の方向に向かって歩きはじめた。この結果は、何度繰り返しても同じであった。さらに、彼らは、磁気コイルを使ってフロリダロブスターの周囲の磁場の向きを変えることができるようにした。その結果、磁場の向きを水平方向に反転させると、フロリダロブスターは捕獲した場所とはまったく違った方向に歩きはじめることを確認した。これらの実験結果によって、ローマンたちは、フロリダロブスターは、地磁気を利用して地理学的な位置を知り、普段は自分の隠れ場に戻ったり、あるいは秋の長距離の渡りをしたりと、すごい能力を使っているのでないかと考えている。

ところで、地磁気を利用して方位を知るとしたら、地磁気を感知する器官を持たなければならないが、それは体のどこにあるのだろうか。ローマンたちは、磁力計を用いてフロリダロブスターのさまざまな部位の磁気を測定した。その結果、頭胸部の前方にある脳の真上と頭胸部の中央、後方右側、後方左側の4ヵ所に高い磁気が検出されたことにより、これらの部位に地磁気を感知する感覚器官が存在する可能性を示唆している。

このようなコウライエビやフロリダロブスターの渡りは、自らが棲む環境の変化に対処するために生まれた行動であり、エビが持つさまざまな適応能力の一端を示すものであると言えよう。

テッポウエビは閃光を放つ強い音圧の衝撃波を使って獲物を狩る

全長が4㎝ほどのテッポウエビは、熱帯から温帯の浅い海に棲息し、熱帯域ほど種類が多い。エビ類の中でもとりわけ種類数が多く、世界の海には400種ほどもいて、日本では70種類が知られている。テッポウエビ科のエビは別名ピストルシュリンプあるいはスナップシュリンプとも呼ばれている。これらの名前は、いずれもこのエビがパチンとハサミを鳴らす音（スナップ音）に由来している。

テッポウエビは、大きなハサミと小さなハサミを持ち、大きなハサミの長さは、全長の半分ほどにもなる。テッポウエビが獲物を狩るときは、大きなハサミを使ってスナップ音を出して獲物を倒し、それを食べるときは細かい突起が付いた小さなハサミを使うことが以前からわかっていた。だが、テッポウエビのスナップ音が、どのようなしくみで鳴らされているのか、詳しいことは長い間不明のままであった。テッポウエビは、大きなハサミの可動部分の太く短い指節を、前節に強く当てることでスナップ音を出しているのだろうか。あるいは、何か特別な方法でスナップ音を発しているのだろうか。こういった疑問を解く論文が『ネイチャー』2001年10月4日の413号に掲載された。

オランダのトゥエンテ大学のデットレフ・ローゼたちは、テッポウエビ（アルペウス・ヘテロカエリス）が鳴らすパチンという大きなスナップ音は、大きなほうのハサミの指節を前節に当てた音でなく、強く閉じるときに生じる泡が激しく崩壊して発生する音で、強い閃光を伴うことを明らかにした。

その後、多くの研究者によってテッポウエビはハサミの可動部分の太く短い指節を時速97㎞のスピードで閉じることができ、この速さでハサミの指節を前節に強く当てると泡が発生する、泡は破裂すると強い音圧を伴いながら光を発することが報告された。また、泡は破裂すると、秒速27ｍほどのすごい衝撃波を起こし、この衝撃波はハサミの指節から4㎝ほど離れた距離にいる小さなエビを倒すか殺すのに十分な力であることを示した。

なぜ、泡が破裂すると閃光を発する衝撃波が発生するのだろうか。まず、水中でハサミの指

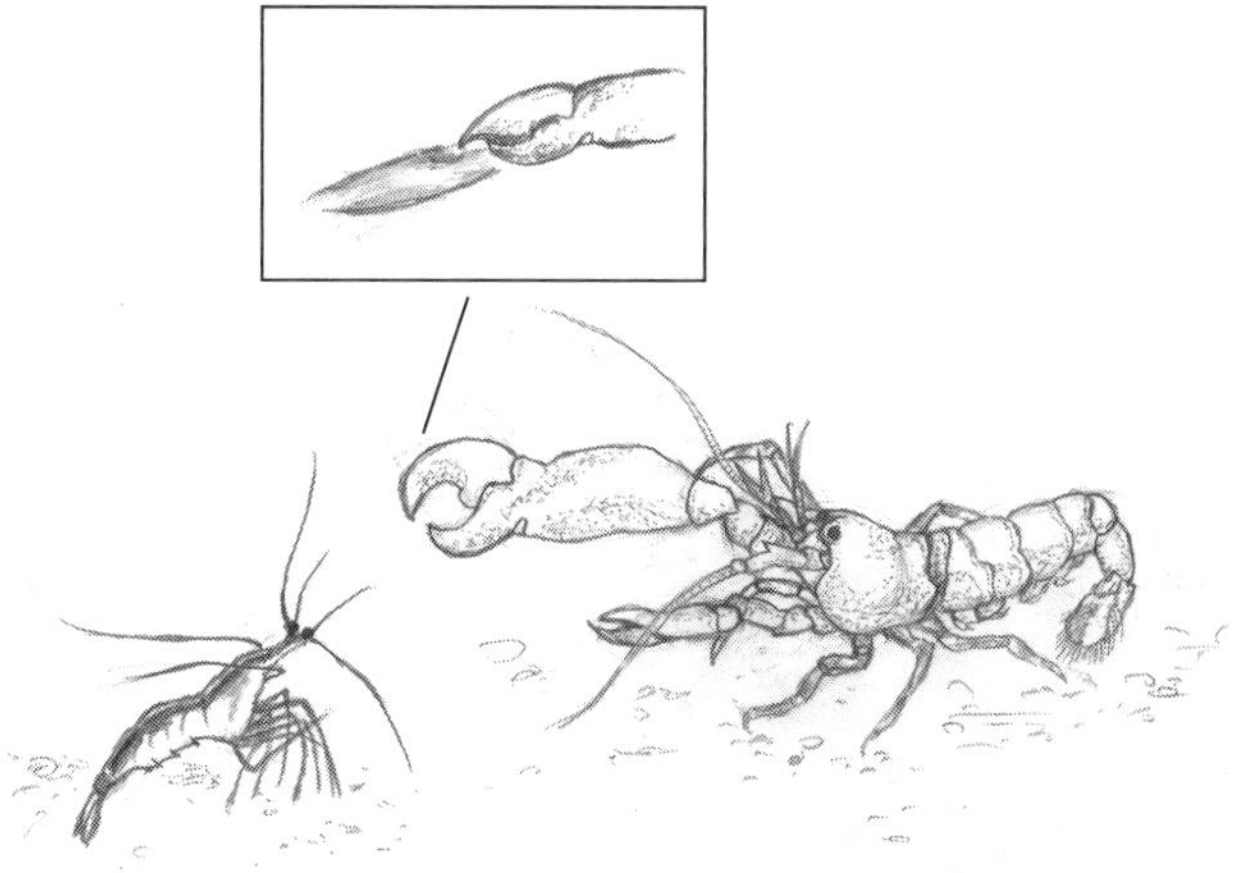

図3―8　大きく太いハサミの指節を高速で閉じ、先端から閃光を放つ衝撃波を発射して小エビを狩るテッポウエビ（作図・矢野明子）

節を高速で前節に強く当てたときに液体の流速が増加し、液体の圧力が低下すると泡が発生する。すると発生した泡を取り巻く周辺の液体は泡を押しつぶすように中心に向かって動き出す。泡はますます押しつぶされて小さくなるとともに、泡の内部の気体が圧縮されて圧力が上昇し、ついに中心に向かう液体の動きを押しとどめるほどに泡の内部の気体（真空に近い）の圧力が極端に高くなる。この極端に高い圧力が液体に対して急速に解放されて、泡は激しく崩壊し局所的に非常に高い衝撃圧が発生して、水中に強いプラズマの衝撃波が閃光を伴って放射されると考えられる。

現在、米国の大学では、機械工学を専攻する研究者たちがテッポウエビの大きく太いハサミの構造を正確に再現したロボットハサミを造り、指節を動かす筋肉と腱に替えて強力なねじりバネを使用して高速で閉じ、水中で衝撃波を伴うプラズマを人工的に発生させることに成功している。彼らは、このロボットハサミを使って、水中で効率的にプラズマを発生させ、水中での溶接や岩盤の掘削などに応用することを考えている。なんともワクワクする話である。

テッポウエビは、優れた空間認識能力を持つ。テッポウエビは、この有能な視覚システムをフルに使って、動く獲物の大きさや位置をすばやく認識し、獲物の小エビなどが射程距離に近づいたときにハサミの指節を高速で閉じ衝撃波を発射し倒している。このとき、獲物の小エビは、吹き飛ばされて倒れ、ピクリとも動かないことから、いかにこの衝撃波がすさまじいものであるかがわかる。

いっぽう、衝撃波を発射するために、テッポウエビはハサミの指節を高速で閉じる必要があるが、それを支えるために片側の大きなハサミの指節に繋がる大きく膨らんだ前節は、ハサミの指節を瞬時に閉じるために必要な発達した閉筋と大きな腱、そしてそれを作動させるための運動神経細胞などで満たされている。衝撃波を発射する太く大きなハサミは、小さなハサミに比べて、運動神経細胞がより大きくなっている。

また、テッポウエビのハサミの閉筋の筋原線維のサルコメアの長さは8・5〜9・0μmと脊椎動物の骨格筋の4倍ほどになり、筋肉収縮の力も4倍になっている。また、ハサミの指節を猛スピードで閉じると、当然のことながらハサミ自体に強い衝撃がかかるが、ハサミを覆う外骨格は、外側は硬いが内側は軟らかいという内部構造によって、衝撃が弱められるしくみになっている。

毒針を持つファイヤーワームからイソギンチャクを守るテッポウエビ

２０１４年に、米国のヴァージン・アイランズ大学のアンバー・マッカムモンとフロリダ・アトランティック大学のランディ・ブルックスは、カリブ海のサンゴ礁に棲む体長４cmほどのテッポウエビ（アルペウス・アルマトゥス）が、イソギンチャクを外敵から守っていることを発表した。このエビは、イソギンチャク（バルトロメア・アンヌラタ）の傍に穴を掘って棲んでいて、イソギンチャクを捕食する全長15cmほどの毒々しい色彩をした体毛に毒針を持つウミケムシ科のファイヤーワーム（ヘルモディケ・カルンクラタ）が近づいてくると、巣穴から出てきて、スナップ音を鳴らして衝撃波を発射し、ファイヤーワームを退散させ、イソギンチャクを守っている。

このようなイソギンチャクとテッポウエビの関係は、もし触手に毒を持つイソギンチャクが魚などの外敵からテッポウエビを守っているなら、まさに共生と言えるが、イソギンチャクがテッポウエビを守っているとはどうしても思えない。なぜなら、テッポウエビは、数十cmほども深く掘った穴に入り込んでいるので、イソギンチャクに守ってもらう必要がない。それではなぜ、ファイヤーワームがテッポウエビを襲っているわけでもないのに、テッポウエビはファイヤーワームからイソギンチャクを守ろうとするのか。そもそも、なぜ、このテッポウエビは、わざわざイソギンチャクの傍に穴を掘って棲むのだろうか。

実は、このイソギンチャクには、数種のクリーナーシュリンプが相利共生関係を結んで棲みついている。イソギンチャクはクリーナーシュリンプを守り、クリーナーシュリンプは食べカスをイソギンチャクに与えている。クリーナーシュリンプは前述したように、海の掃除屋とも呼ばれ、大きなハタなどの魚の皮膚に付いている寄生虫を食べたり、ときにはウツボの口の中に入って食べカスなどを食べて体表や口内をきれいにしたりするエビである。テッポウエビは、このクリーナーシュリンプが、餌を探すために棲み場とするイソギンチャクから離れたさいに、じっとクリーナーシュリンプの動きを見ていて、自分との距離が4㎝ほどにまで近寄ってきたときに、衝撃波を発射し倒してから巣穴に運び入れて摂餌するのである。この事実からして、テッポウエビがイソギンチャクをファイヤーワームの攻撃から守る理由は、もしファイヤーワームによってイソギンチャクが捕食されてしまえば、自らが狩りをし獲物とするクリーナーシュリンプもいなくなるため、イソギンチャクを守っていると考えられる。実際にテッポウエビが穴を掘って棲みついているイソギンチャクの種類を調べると、サンゴ礁に棲む6種類のイソギンチャクの中で、テッポウエビの餌となるクリーナーシュリンプが棲みついているイソギンチャク（バルトロメア・アンヌラタ）にほぼ限られていることがわかった。

このように、テッポウエビは、クリーナーシュリンプが棲む限られた種類のイソギンチャク

図3—9　餌とするクリーナーシュリンプが棲むイソギンチャクを、体毛に毒針を持つファイヤーワームの捕食から守るテッポウエビ（作図・矢野明子）

の傍に穴を掘って棲み、ファイヤーワームがイソギンチャクを捕食するために近づいてきたときはすぐに追い払って、イソギンチャクを守り、餌となるクリーナーシュリンプがいつもイソギンチャクに棲み、自分の獲物が不足しないようにしている。

テッポウエビが餌とするクリーナーシュリンプが棲むイソギンチャクを外敵のファイヤーワームから守る習性は、まさに人類が野山を整備して食料などにする羊などを放牧する牧畜に似ている。人類が牧畜を最初に始めたのは山羊《やぎ》で今から約1万2000年前と言われている。テッポウエビがいつ頃から、餌とするクリーナーシュリンプが棲むイソギンチャクをファイヤーワームから守る習性を持つようになったのか、はっきりしたことはわからないが、おそらく数十万年前には獲得していたと想像する。仮にそうだとすれば、テッポウエビは人類が牧畜を始めるはるか以前の太古の昔に、牧畜の起源と思える、すごい行為をすでに行っていたことになると私は考えている。

テッポウエビがパチンと鳴らすスナップ音はサンゴの幼生を呼び寄せる

透明度が高く太陽の光がたっぷりと注ぐ南の島のサンゴ礁は、赤、紫、黄、青、緑などの色彩に彩られたサンゴやイソギンチャク、それに数えきれないほどの大小の魚やエビやカニなどの無脊椎動物がいて、その色彩の鮮やかさと種の多様性に人々はまず驚く。しかも、そのサンゴ礁は、「静かな世界」ではなく、水中マイクロホンを使って聴くと魚やテッポウエビなどの無脊椎動物が出すさまざまな音が聞こえてくる。2010年に、オランダのアムステルダム大学のマーク・ヴェルメイたちは、満月の前後の月夜にサンゴ礁からいっせいに産み出された大量の受精卵から孵化したサンゴの幼生が、どのようなしくみで再びサンゴ礁に戻ってくるのかを調べるために、あらかじめ録音したサンゴ礁の音にサンゴの幼生が反応するかを実験した。

カリブ海のキュラソー島のサンゴ礁で水中マイクロホンを使って録音した周波数0・1~10キロヘルツの音を、幼生を入れた透明アクリル樹脂管に向けて水中スピーカーから出した。その結果、水中スピーカーからの音を斜め上から透明アクリル樹脂管に向けた場合、平均して幼生の85%が水中スピーカーに最も近い部分に集まることが明らかになった。この結果は、幼生が水中スピーカーから出るサンゴ礁の音に集まってくることを示している。言い換えれば、サンゴの幼生は、サンゴ礁から出る音を頼りにサンゴ礁を探し出して戻ってくることを意味している。1㎜にも満たない大きさのサンゴの幼生がすでに聴音感覚を備えていることは驚くべきことで、どのようなしくみで水中の音を振動の変化として感じとっているのか、一日も早い解明が待たれる。

サンゴの幼生は体表に繊毛が密に生えていて、この繊毛を動かして遊泳することがわかっている。2017年に、米国スタンフォード大学のトム・ハタたちは、サンゴの一種クサビニオウミドリイシの幼生の遊泳力を調べ、上から下に向かって泳ぐ下降スピードは、秒速3・5～4・2㎜であり、時速にすると12・6～15・1mになることを明らかにしている。多くのサンゴは水深20mまでに棲んでいることから、サンゴの幼生が海面から水深20mのサンゴ礁に最短で1時間と少しで到達することになる。このように、サンゴの幼生は、ただ流れに身を任せて浮かんでいるだけでなく、体表にびっしりと生えた繊毛を自由に動かして、サンゴ礁まで泳ぐ力を備えている。サンゴの幼生は、サンゴ礁から出る音を頼りに、自らの遊泳力でサンゴ礁を探し出して戻ってきている。これは、これまで誰もが予想もしなかった新しい発見である。

さて、サンゴ礁の音とはいかなる生物が出す音に由来しているのだろうか。

2015年に米国ボストンにあるウッズホール海洋研究所のマックスウェル・カプランたちは、カリブ海のセント・ジョン島の水深12mと水深10mの2ヵ所で水中の音の周波数を毎日24時間、4ヵ月間にわたって測定した。その結果、サンゴ礁の音は、魚が発する声や餌を食《は》むと

図3—10　テッポウエビのパチンと鳴らすスナップ音がサンゴの幼生を呼び寄せる（作図・矢野明子）

きの音、それにテッポウエビがパチンと鳴らすスナップ音によって占められ、0・1〜1キロヘルツの低周波数の音は魚が出す音に由来し、2〜20キロヘルツの高い周波数の音はテッポウエビが出す音に由来していることを明らかにした。

これらの結果は、ヴェルメイたちの実験でスピーカーから出した高い周波数（0・1〜10キロヘルツ）のサンゴ礁の音とは、テッポウエビがパチンと鳴らすスナップ音であることを示している。

2018年に、ウッズホール海洋研究所のアシュリー・リリスとアラン・ムーニーは、セント・ジョン島の水深12mと水深10mの2ヵ所のサンゴ礁に棲むテッポウエビのスナップ音の分析を行うため、水中マイクロホンを使って1分あたりのスナップ音の回数を測定した。その結果、サンゴ礁には、多数のテッポウエビが常に棲み、昼夜を通してスナップ音を出し、1分あたりのスナップ音の回数は1200〜2400回にもなることが判明した。

この結果、サンゴの幼生は、多数のテッポウエビが昼夜を通して鳴らすスナップ音を頼りに、自らの遊泳力でサンゴ礁を探し出して戻ってきていると考えられる。

酸性化する海水とテッポウエビ

2016年に、オーストラリアのアデレード大学のトゥリオ・ロッシたちは、テッポウエビのスナップ音が海水の酸性化の影響を受けるかどうかを調べた。イタリアのヴルカーノ島とイスキア島、それにニュージーランドのホワイト島の特定の海底の岩礁には二酸化炭素が噴出し、海水の二酸化炭素分圧が高く、そこにはテッポウエビが棲んでいる。また、比較のため二酸化炭素を噴出せず二酸化炭素分圧が低い、テッポウエビが棲む各島の岩礁も調べた。テッポウエビのスナップ音は、夕方に最も活発になることから、夕方に1分間あたりのテッポウエビのスナップ音の回数を5分間にわたって記録した。

測定の結果、二酸化炭素分圧が低く、海底から二酸化炭素が噴出していない岩礁に棲むテッポウエビのスナップ音の1分間あたりの回数は、3ヵ所の平均値が240回であるのに対し、二酸化炭素分圧の高い岩礁に棲むテッポウエビのスナップ音の1分間あたりの回数は80回に低下していることが明らかになった。さらに、オーストラリアのサンゴ礁に棲むテッポウエビ

（アルペウス・ノヴァエゼアランディアエ）を、二酸化炭素分圧が低い海水と二酸化炭素分圧の高い海水で2〜3ヵ月間、個別に飼育した場合、海水中の二酸化炭素分圧が高くなるとテッポウエビのスナップ音の回数が減少することを明らかにした。

海水に溶け込んだ二酸化炭素の大部分は、水と反応して炭酸イオンや炭酸水素イオンになる。これらの反応に伴って水素イオンが解離し、海水を酸性化させることがわかっている。これらの事実は、海水に溶け込む二酸化炭素が増えると海水が酸性化し、テッポウエビのスナップ音の回数が顕著に減ることを示している。

現在、地球では、経済活動の増大に伴うエネルギーの需要増加によって、二酸化炭素を大量に排出する化石燃料の石炭や石油や天然ガスの使用が続いている。大気中の二酸化炭素のレベルは2016年に400ppm（1ppmは100万分の1）に達し、18世紀後半の産業革命から100ppmも増え、現在の増加速度は1年に2・73ppmで、今も上昇し続けている。

また、大気中に放出された二酸化炭素の3分の1を吸収する海のpH（水素イオン濃度）は、産業革命以降、すでに0・1低下し、確実に酸性化に向かっている。海水の酸性化は、サンゴ礁の構造を担うサンゴの石灰化を低下させ、サンゴ礁に棲息する貝類などの無脊椎動物の炭酸カルシウムの喪失が危惧《きぐ》されている。

これらの事実に加えて、海水の酸性化によってサンゴ礁に棲むテッポウエビのスナップ音の回数が著しく減少する結果、テッポウエビのスナップ音を頼りに自らの遊泳力でサンゴ礁に戻るサンゴの幼生が目立って減少することになる。このまま化石燃料を消費し続ければ、海洋生物の30％ほどが棲み、多様性に富むとともに人々の日々の生活を支え、豊かなものにしているサンゴ礁が、そう遠くない日に消滅するという、深刻な問題を引き起こすことになるだろう。

成長の途中で性を換えるホッコクアカエビ

エビの中には、成長の途中で、性転換する種がいる。性転換するエビは、ほとんどがタラバエビ科に属していて、種の数は30と、エビ全体の種の数から見れば、わずかである。富山県以北の日本海や北海道沿岸の水深100〜600mの砂泥底に棲息するホッコクアカエビ、ボタンエビ、トヤマエビと宮城県以北の浅い海のアマモ藻場に棲息するホッカイエビの4種はいずれも性転換するエビである。ホッコクアカエビとは、私たちが日頃食べている甘エビである（口絵4参照）。

エビの性転換については、いくつもの謎がある。その1つは、エビにとって、成長の途中での性転換は、何か繁殖に特別のメリットがあるのかという謎である。この謎については、後で触れることにする。さらに、エビの性転換に性ホルモンがかかわっていることは間違いないが、それはどのようなものかという謎もある。

エビと同じ甲殻類に属するハマトビムシやヨコエビなどの端脚類《たんきゃくるい》や、フナムシやワラジムシなどの等脚類の中には、雌から雄に性転換する種類が11種いる。しかし、性転換する30種のエビは、すべて雄から雌に性転換する。このように、エビの性転換は、雄から雌に換わるのが常である。

エビが雄から雌に性転換するときの性徴と生殖巣と造雄腺《ぞうゆうせん》の変化は、私の研究室の高橋律子《たかはしりつこ》さんが詳しく調べてくれた。彼女は、雪が降り路面が凍る冬季を挟んで、11月から翌年6月にかけての8ヵ月間、月に一度、大学から85kmほど離れた福井県坂井《さかい》郡三国町《みくにちょう》(現坂井《さかい》市)の三国港《みくにみなと》に自ら車を運転して通い、水揚げされたばかりの生きたホッコクアカエビを、のべ500尾ほどサンプリングして研究に使用した。

ホッコクアカエビは、およそ体長9cmほどに成長する小型のエビで、寿命は、長くて9~10年である。雄から雌への性転換は、孵化後4~5年経ってから起きる。つまり、ホッコクアカエビは、最初の4~5年は雄として、後の4~5年は雌として過ごしていることになる。しかし、ホッコクアカエビが、雄から雌への性転換を行うさいに、精巣を卵巣に造り替えるのか、それともこれまで使っていた精巣とは別に新たに卵巣を造るのかわかっていなかった。また、ある日突然、性が雄から雌に換わるとは考えにくいが、この点も不明であった。

彼女の研究によって、ホッコクアカエビは、性転換に際して、それまで使っていた精巣とは別に新たに卵巣を造るのではなく、精巣をそのまま利用して、卵巣に造り換えていることがわかった。

また、ホッコクアカエビの第2腹肢にあって交尾時に使う交接器の雄性突起と第1腹肢の内《ない》肢《し》の形態が、性転換に伴って大きく変化することもわかった。ホッコクアカエビの雄性突起は、雄の時期には長さ1・7㎜と大きく、鋭く長い剛毛が20本ほどある。その後、雄から雌に換わる移行期になると半分ほどの長さに収縮し、剛毛も短くなりその数も減少する。雌の時期になると雄性突起は完全に消失する。いっぽうで、第1腹肢の内肢は雄の時期には長さ4㎜と小さいが、雄から雌に換わる移行期になるとやや伸長し、横幅が2倍ほどに肥大する。雌の時期になるとさらに伸長し、横幅も雄の時期の3倍ほどに肥大する。

エビの性転換を外見から確認する場合、以前は、抱卵していれば雌に転換したと判定していた。しかし、抱卵は、雄から雌に性転換した後、早くて数ヵ月も経ってから起きることである。これに比べて、雄性突起と第1腹肢内肢の形態変化を指標にする方法は、雄と雌の区別だけでなく、雄から雌に換わる移行期も明確に知ることができる判別法である。

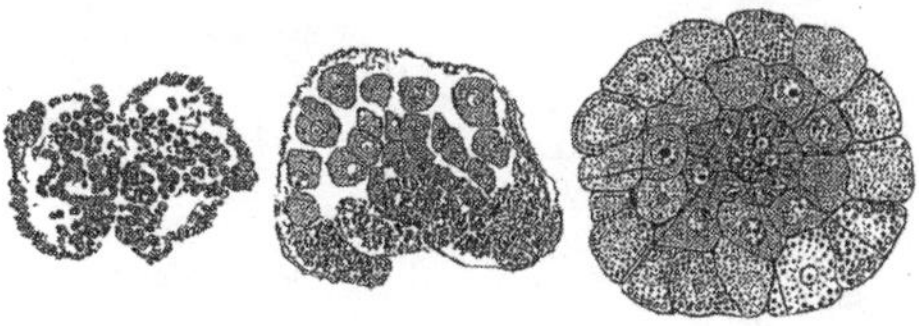

図3—11　ホッコクアカエビの精母細胞からなる雄期（左）、崩壊中の精母細胞と発達中の卵母細胞からなる雄から雌への移行期（中央）、卵母細胞からなる雌期（右）の生殖巣（高橋・矢野，未発表より）

図3—12　ホッコクアカエビの交接器の雄性突起は雄期（左）に発達し、雄から雌への移行期（中央）になると崩壊しはじめ、雌期（右）に消失する（高橋・矢野，未発表より）

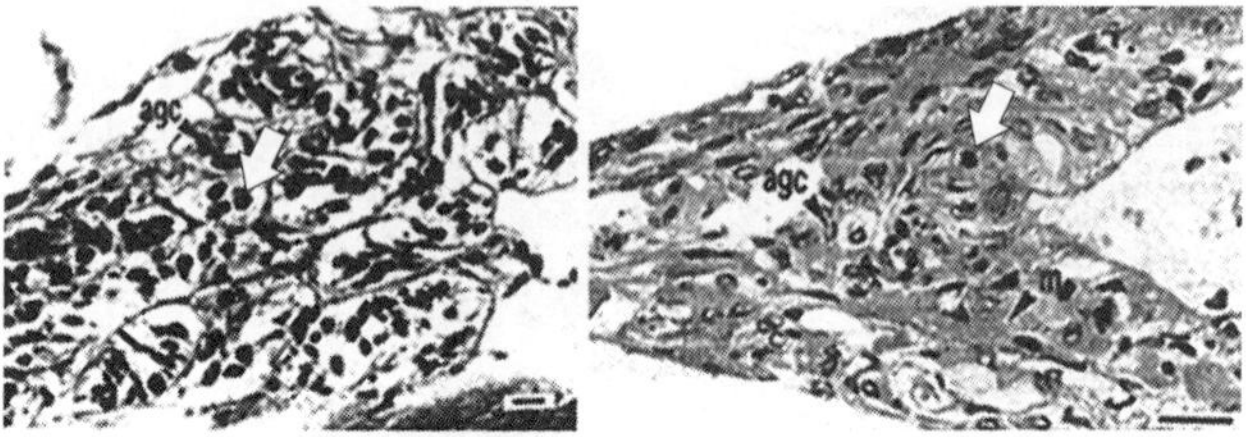

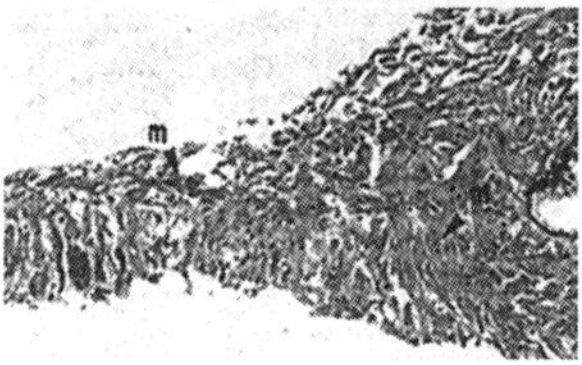

図３―13　ホッコクアカエビの雄性化ホルモンを分泌する造雄腺の組織像。雄期（左上）には造雄腺細胞（矢印）が数多く見られ、雄から雌への移行期（右上）になると崩壊が始まり、雌期（左下）に完全に崩壊する（高橋・矢野，未発表より）

以上のことに加えて、ホッコクアカエビの雄になるための雄性化ホルモンを分泌する器官である造雄腺内の造雄腺細胞は、雄の時期には多数あるが、雄から雌への移行期になると減少し、雌に転換したときは、すべて消えてしまうことがわかった。造雄腺細胞が消えることは、雄から雌への性転換に伴って造雄腺の機能が失われていくことを意味している。

性を換える特別なメリットとは

最初に触れたように、ホッコクアカエビをはじめとする一部のエビにとって、成長の途中での性転換は、種の繁殖にとって何か特別のメリットがあるのかという謎がある。この謎については、次のことが考えられる。成長の途中で性転換するエビでは、同じ年に生まれたすべての個体は、最初数年間はすべて雄で、その後の数年間はすべて雌であることから、同じ年に生まれたエビ同士は、生まれてから死ぬまでの間すべて同じ性なので、互いに交尾はできないことになる。しかし、別の年に生まれたエビとの間では、交尾が可能となる。このように、それぞれが別の年に生まれた雌と雄の間で交尾することは、違った親から生まれた雌と雄の間での交尾の機会が多くなる。そのため、同じ親から生まれた雌と雄の交尾が引き起こす同系交配による悪性遺伝子の拡大を避けると同時に、遺伝子の多様性も広げるというメリットが生まれることになる。

また、ホッコクアカエビの成熟卵の卵径は1㎜ほどで、他のエビに比べて大きい。例えば、クルマエビの卵径と比べた場合、4倍ほどである。しかし、精子は、わずか数㎛と小さく、その大きさは他のエビと特に変わらない。この結果、性転換するエビでは、体が小さいときは雄として小さな精子をもっぱら造り、成長して体が大きくなってから雌として大きな卵を造り抱卵するほうが、無理もなく効率もよく理にもかなっている。

このように、成長途中での性転換は、ホッコクアカエビをはじめとする一部のエビの繁殖にいくつかのメリットをもたらしているとも思える。しかし、最初に触れたように、性転換するエビの種の数は、エビ全体の種の数から見れば、わずかである。しかもそのほとんどがタラバエビ科に属している。さらに、カニの中には、腹節に甲殻類のフクロムシが寄生したときに起きる特殊な例を除けば、成長の途中で性転換する種はいない。こうした事実は、成長途中での性転換は、なんらかの事象あるいは理由があってタラバエビ科のエビに特化して出現したものの、エビ・カニ全体に広がることはなかったことを示している。

暗黒の深海で微かな光を察知する光受容器官を発達させた新種の小エビ

１９７７年に、米国のウッズホール海洋研究所の深海潜水調査艇アルヴィン号は、東太平洋の水深２０００mの深海底から黒煙とともに熱水を噴出する、煙突の形に似た噴出孔を発見した。そしてこの深海の海底にある噴出孔から噴出する熱水と周りの冷水が混ざる場所には、チューブワームと呼ばれる筒状の奇妙な生物やシロウリガイと呼ばれる二枚貝、熱水に含まれる硫化水素やメタンを栄養源にして有機物を造る化学合成細菌が混在して１つの生態系を作っていることを明らかにした。

その後１９８６年に、この黒煙と熱水を噴出する噴出孔は、中部大西洋の海嶺《かいれい》でも発見されたが、チューブワームはまったく観察されず、シロウリガイもわずかしか認められなかった。しかし、新しく発見された噴出孔には、これらの生物に代わって、全身がオレンジがかった赤色をした体長２~５㎝の小エビが、１平方メートルあたり１５００尾という極めて高い密度でコロニーを形成し、棲息していた。その外部形態などを詳しく調べたところ、これまでまったく発見されていなかった抱卵亜目コエビ下目ブレシリデ科の２つの新種の小エビであることが判明した。

これらのエビは、噴出孔から噴出する３５０℃にも達する熱水と周辺の１~２℃の冷海水が混ざってできる、水温15~37℃の噴出孔周辺の温水域に密集しているが、噴出孔から少し離れた冷たい海水域にも、数は少ないが確認されている。

　また、この小エビは熱水が噴出する噴出孔を探し出すために必要な、熱を感じる3対の触角を持ち、噴出孔の表面に付着する化学合成細菌の塊を食べて栄養源とし、繁殖していることも明らかになった。

　ところで、この水深2000mの深海で発見された2種の小エビには、浅海に棲む多くのエビに見られる眼柄とその先端の眼球がまったく認められなかったことから、発見当初この小エビは光をまったく感じていないと考えられた。だが、1996年、ニューヨークにあるシラキュース大学のデヴィド・ナックレイたちは、体長約2cmのエビ頭胸部の前方背部にあって周囲のオレンジ色の体色とは明らかに異なる、白く輝く長さ約2mmの楕円形の斑紋の内部を、電子

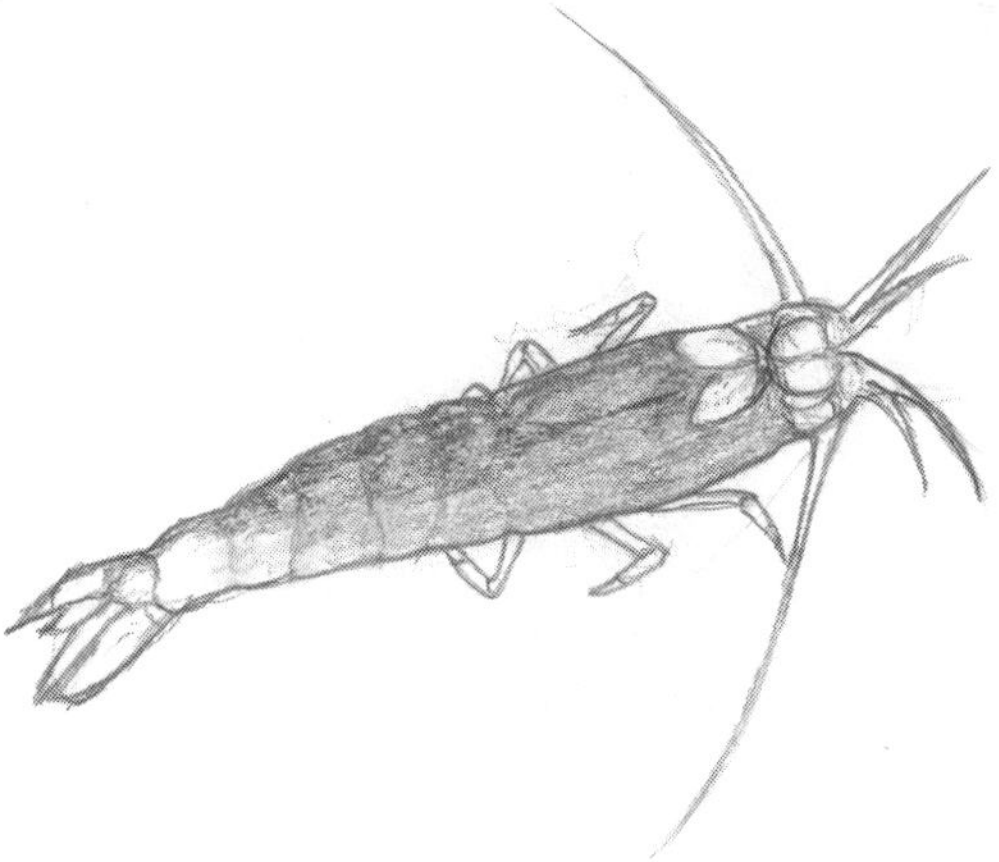

図3—14　深海2000mの熱水が噴出する噴出孔で発見された新種の小エビ。眼は退化してなくなっているが、頭胸部の前方背部に白く輝く長さ2㎜前後の楕円形の斑紋が光受容器官になっている（Nuckley et al., 1996を参考にして矢野明子作図）

顕微鏡で詳しく調べた。その結果、この白い斑紋の表面はレンズはないものの明らかに複眼の構造をしており、その内部には光を感じる桿状体が認められ、桿状体は、容積比で網膜全体の80%も占めていることを明らかにした。一般に、浅海に棲むエビの網膜に占める桿状体の容積比は10%前後であることから、この深海に棲息するエビは、浅海に棲む多くのエビよりも8倍もの高い密度の桿状体を持っていることを示している。

この小エビは、暗黒の世界である水深2000mの深海の、どのような種類の光に対してこのような特殊な光受容器官を発達させたのであろうか。太陽の可視光線の中でも波長の長い赤色から緑色までの光は、水深100mの深さまでにほとんど吸収されてしまうが、波長の短い青紫色の近紫外線は水深600〜700mの深さまで到達する。

しかし、さらに深い水深2000mに棲息する2種のエビは、それよりはるかに深い場所に棲息していることから、太陽光はまったく届かず、それ以外の光を感知していると思われる。それはどのような光なのであろうか。

この新種2種のエビでは、光受容器は頭胸部の背面に位置していることから、真上からくる光に反応していると考えられる。いっぽう、深海の暗黒の海底には、発光体を持つ深海魚のオオクチホシエソや深海タコのコウモリダコなどが棲息していることはよく知られている。噴出孔に棲む小エビは、ときに真上から突然襲ってくる深海魚や深海タコなどの外敵生物からすばやく逃げるために、外敵生物の発光体が発する光を察知する高感度の受容器を発達させたのではないか。

このように深海の広大な暗黒の世界で、熱水が噴出する噴出孔を熱を指標にして3対の触角で探し出し、噴出孔表面に付着する化学合成細菌の塊を栄養源とし、驚異とも言える幅広い水温に対する耐性能力を備え、しかも外敵の発光器から生じる光を察知し、すばやく逃げることができる優れた能力を持つ小エビがいることは、いかなる過酷な環境にも適応して成育するだけでなく、仲間を増やしながら種を維持し生きていくという、エビが持つ、すごいと思うほどのしたたかな潜在能力の一端を明示するものであろう。

第4章　さまざまなカニたちの生態と不思議な行動

本章では、いろいろな特徴あるカニについて述べていこう。

日本海の冬の味覚を代表するズワイガニの生態

ズワイガニは、日本海の冬の味覚を代表するカニである。日本海、福島県より北の太平洋、オホーツク海、中部ベーリング海、カナダ北大西洋と広い海域に棲息している。

脚が細くまっすぐなことから、木の枝を意味する楚《すわえ》に由来した楚蟹《すわえがに》が変化したズワイガニは、雄と雌で呼び名が変わる。小さな雌ガニは、福井県では勢いよく子どもを産む「勢子《こうばこ》」に由来するセコガニ、石川県ではお茶の道具でお香を入れる「香箱」に似ているとして香箱ガニ、京都府の丹後《たんご》地方では方言でコッペガニと呼ぶ。大きな雄は、福井県では越前《えちぜん》ガニ、石川県では加能《かのう》ガニ、兵庫県の日本海側や鳥取県などの山陰《さんいん》では松葉ガニ、京都府では間人《たいざ》ガニとも呼ぶ。越前ガニの名称は、ズワイガニの大きな漁場を持つ福井県がかつて越前国《えちぜんのくに》と呼ばれてい

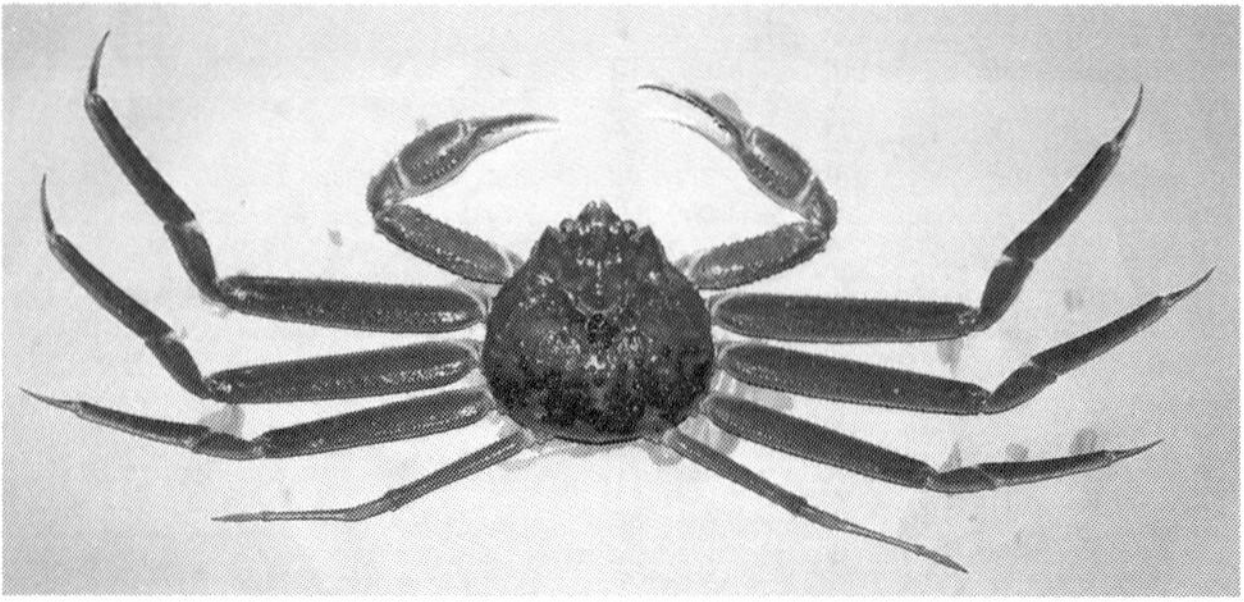

図4—1　ズワイガニの雄

たことに由来する。松葉ガニの呼び名の由来については、漁師が調理のさいの燃料に松の葉を使ったからなど、いくつかの説明がなされているがはっきりしない。間人ガニの名称は、京都府ではズワイガニが丹後半島の間人《たいざ》漁港から水揚げされることに由来している。

ズワイガニの雄ガニは、大きいもので甲羅の横幅が15㎝ほどにもなるのに対し、雌ガニは7～8㎝と小さい。雌ガニが小さいのは、棲息する水深200～600mの海底が、水温が1～3℃と低いため、腹節に抱卵した卵が孵化するのに1年～1年6ヵ月と長くかかり、その間まったく脱皮できず、成長できないためである。

ズワイガニは、普段はこのような低温の深海に棲むが、10℃ほどの水温にも適応できる。また、1992年にカナダのモーリス・ラモンターニュ研究所のバーナード・サントマリーたちは、カナダのセント・ローレンス湾の水深4～20mの浅所でズワイガニが春に脱皮と交尾を行っていることを報告している。ズワイガニは、死んで海底に沈んだ魚やイカ、それに生きた甲殻類、貝類、ゴカイやクモヒトデなどを食べている。

雌は、稚ガニから10回の脱皮を繰り返した後、夏から秋にかけて最終脱皮した直後に交尾し、初産卵を行って受精卵を抱卵する。1年半の抱卵期間を経て、翌々年の2～3月に幼生が孵化する。幼生が孵化した直後に、雌ガニはそのまま脱皮することなく2回目の産卵を行い抱卵する。このとき抱卵した受精卵は、初産卵のときと違って1年の抱卵期間を経て、翌年の2～3月に幼生が孵化する。孵化が終わると次の産卵を行い、雌ガニは生涯に5～6回の産卵を行う。

雄は、早いものでは10回の脱皮後の第11齢期、遅いものでも12回の脱皮後の第13齢期になると親ガニになり、雌と交尾することができる。雌雄の寿命は、15年ほどである。

雄ガニと雌ガニは、普段は別々の群れを作って、一緒に群れることはないが、交尾期になると同じ場所に集まって群れるようになる。このときの、雄と雌の出会いには、成熟した雌の触角腺から尿とともに出る性フェロモンがかかわっていると考えられている。雌雄が集まった群れの中で、雌と交尾できるのは、より大きなハサミ、そしてより硬い甲皮を持つ雄である。

ズワイガニの雄は雌を挟んで確保する

ズワイガニの交尾のありさまは、他のエビ・カニとやや異なっている。まず、大きな雄が、小さな成熟した雌の胸脚を片方のハサミを使って挟み、軽々と持ち上げ確保する。そして、1週間ほど一緒に過ごした後に、雌が脱皮すると雄は雌と40分ほどかけて、互いの腹節を合わせ

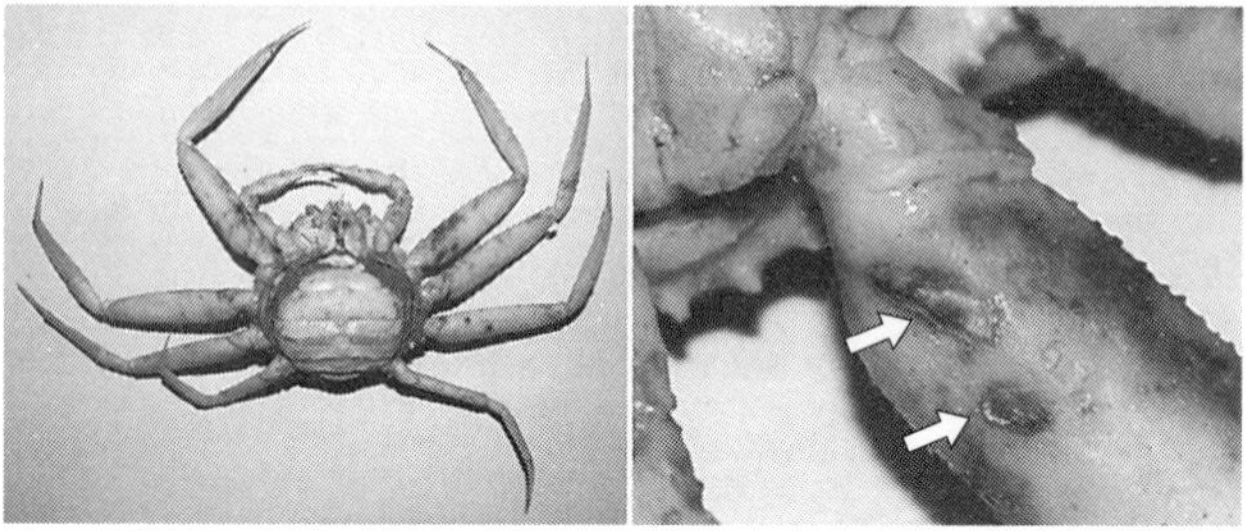

図4—2　交尾後抱卵したズワイガニの雌（左）。向かって右側の第2胸脚の長節に、交尾のときに雄からハサミで挟まれてできた傷の痕跡（矢印）が見える

る、つまり向かい合って交尾し、精子が入った精包を雌に受け渡す。

雄と交尾して抱卵した雌ガニの胸脚には、交尾の折に雄のハサミで挟まれたときにできた「傷」の痕跡《こんせき》が残っている。読者もズワイガニの雌ガニを食べるときに、注意深く胸脚の裏側を見れば「傷」の痕跡を見つけることができる。傷跡は、カニの腹面から見て右側の第2胸脚の長節に認められることが多いことから、雄ガニは右側のハサミを使って雌ガニの第2胸脚を挟んで交尾に移行しているようである。このことから想定するとズワイガニの雄は右利きが多いように思える。なお、ズワイガニの雄の左右のハサミは大きさや歯の形状に大きな違いがない。

ところで、胸脚の傷跡はいつできたのかとの疑問が残る。雌の胸脚の傷跡は、最初に雄が雌を確保するときにハサミで摑まれて持ち上げられたときにできたものではない。なぜなら、このときにもし傷ができたとしても、その傷跡はその1週間後に起こる雌の脱皮によって消失するからである。おそらく、雌の胸脚の傷跡は、雌が脱皮した直後に、雄が雌を押さえて上にかぶさって交尾するときに雄からハサミで強く掴まれてできたものであろう。

いっぽう、たくさんチェックしてみると、交尾のときに雄からハサミで挟まれたときにできる傷の痕跡がない個体もわずかだがいる。このことは、雄の中には交尾のさいに雌を優しく扱う雄がいることを示していて実に微笑《ほほえ》ましい。

このようにして、雌は雄と交尾し、しばらくしてから成熟した卵を輸卵管から体外に排出するときに、あらかじめ雄との交尾で受け取っていた精包の精子を使って受精させ、腹部に抱卵する。抱卵した受精卵の大きさは0・7㎜ほどで、1尾の雌ガニから約5万尾ものプレゾエア幼生が孵化する。プレゾエア幼生は、脱皮するとゾエアⅠ期の幼生になり、その後1ヵ月ほどでゾエアⅡ期の幼生に、さらにその後1ヵ月ほどでメガロッパ幼生になる。そして、約1～3ヵ月後に甲羅の横幅3㎜ほどの稚ガニになり、海底に着底する。この間の浮遊生活は、3～5ヵ月ほどになる。稚ガニは1年に数回脱皮して成長する。

ところでズワイガニの漁に関して、2020年の米国NOAA（米国海洋大気庁）のアラスカ漁業科学センターの報告によれば、2017年から2019年にかけて、アラスカ沿岸のベーリング海東部のズワイガニ漁で、海底水温の上昇に伴って漁場の縮小という異変が起きているという。地球の温暖化によって、海面の氷が解けたため、ズワイガニが棲む海底の水温が高いところでは6～7℃に上昇して、ズワイガニが好んで棲む1～2℃の冷水プールが大幅に減少した。その結果、これまでズワイガニ漁場では見られなかったマダラが増加し、ズワイガニの稚ガニや幼ガニが捕食されて、その数が大幅に減少したとのことである。また、これまでにない水温上昇が起きたことによって、成長促進効果が働いたのか、これまで捕獲されたことのない大型のズワイガニが発見されたこともあわせて報告されている。

こうした化石燃料の消費によって引き起こされる地球の温暖化によるズワイガニ漁場の水温上昇がさらに広がれば、日本においてもズワイガニ漁場の縮小とズワイガニ資源の減少という深刻な問題が現実化する可能性がある。

いっぽう、ズワイガニとよく似たカニにベニズワイガニがいる。ベニズワイガニは、同じ海域でズワイガニよりも深い水深400〜2700mの深海底に棲息し、両者は棲み分けている。しかし、両者の棲息深度は一部重なっていることから、時折、ズワイガニとベニズワイガニの雑種が認められる。

ベニズワイガニとズワイガニの見分け方だが、ベニズワイガニは甲羅の後縁部の傾斜が、ズワイガニよりも急である。また、生きたベニズワイガニは全身が朱色であるのに対し、茹でる前の生きたズワイガニは甲羅が淡褐色を呈していることから一見して区別できる（口絵2参照）。もし、ズワイガニがすでに茹でられた後であれば甲羅は朱色に変わっているが、そのときは腹側を見ればよい。ズワイガニは茹でた後でも腹側は白いままである。

また、ベニズワイガニはズワイガニに比べて殻が軟らかく体の水分も多いが、この理由は水圧が極めて高い水深400〜2700mの深海域の厳しい環境に適応したためと考えられている。

夏の夜の海を遊泳するガザミの生態

ワタリガニ科のガザミは、日本では古代から漁が始まり、現在でも沿岸漁業の重要な地位を占めているカニである。近縁種に、同じワタリガニ科のタイワンガザミ、ジャノメガザミ、ノコギリガザミなどがいる。分布は、北海道以南の日本や韓国、台湾、中国の沿岸である。

ガザミの名前の由来だが、ハサミが強靭《きょうじん》で挟まれると痛手を負うことからカニハサミとなり、これが短縮されてガザミと呼ぶようになったという説がある。甲羅の形が菱形《ひしがた》をしていることからヒシガニとも呼ぶが、餌を探すために夜間泳いで数kmを移動する習性を持つことから「渡る蟹」の意味でワタリガニと呼ぶことが多い。

ガザミは、波が穏やかな内湾の水深30mまでの砂泥地に棲息している。肉食性で、小魚、多毛類、貝類などを摂餌する。ガザミは、大型の個体では、ハサミを使って生きた貝の硬い殻を砕くことができ、右のハサミを使って貝を砕く右利きが約8割と多い。

ガザミは、成熟した雄が脱皮した直後の未成熟な雌と交尾し、精子が入った精包を雌の受精嚢に挿入する。雌は、その後卵巣を成熟させ、翌年の5月頃、産卵したあと抱卵し、2〜3週間ほどでゾエア幼生が孵化する。抱卵期間がこのように短いことから、雌雄のサイズの差は、

図4—3　脱皮中の同種のカニを襲うガザミ（作図・矢野明子）

さほど大きくない。産卵は、5月から8月にかけて1〜6回繰り返すが、卵と孵化幼生のサイズは産卵を重ねるに従って小型化する。産卵場所は、水深8〜15mの水温20〜25℃の海域である。

孵化したゾエア幼生は、脱皮変態し、メガロッパ幼生になった後、第1齢期の稚ガニとなる。稚ガニは、5月の末から8月にかけて、脱皮しながら育ち、9月の末頃には甲羅の横幅が14〜15㎝の成体になる。寿命は2〜3年で、甲羅の横幅が平均で雌で18㎝ほど、雄では19㎝ほどにも大きく成長する。

ガザミは、夜間、潮が満ちると同時に海岸近くまで泳いできて、干潟などで餌となるアサリなどの貝類やゴカイなどを摂った後、潮が引きはじめると再び沖合の水深30mほどの砂の海底に移動する。移動は、まるで船を漕《こ》ぐオールのように先端が扁平になった第5胸脚を使って泳いで行う。

また、ガザミは攻撃性が強く、水槽で高い密度で飼育すると、脱皮中もしくは脱皮したばかりの殻の軟らかい同種のカニを襲って食べる、共食いが頻繁に起きる。このため、自然界では、共食いを防ぐために棲息密度は極めて低くなっている。ガザミの近縁種のブルークラブの成ガニは、砂泥や藻場などにおける棲息密度が1000平方メートルの広さにわずか16尾ほどであることが報告されている。

川と海を往来するモクズガニの生態

モクズガニは、河川に棲み、身も十分に付いていることから、古代から日本人には食用ガニとして馴染《なじ》みのカニで、日本各地にズガニ汁などのさまざまな伝統食が残されている。日本各地と、朝鮮半島東岸の河川に棲息する。

モクズガニは「藻屑蟹」とも書くが、第1胸脚（ハサミ脚）の前節の部分に褐色の長い毛の束が密集していて、それがまるで藻の屑《くず》のように見えることに由来する。

雄ガニと雌ガニは、秋に産卵のために河川を下り河口付近で交尾、抱卵し、水温25℃前後のときには2週間ほどで孵化する。孵化したゾエア期とメガロッパ期の幼生は、河口付近の海水と淡水が交わる汽水域で動植物プランクトンなどを食べながら育ち、その後、翌春に稚ガニとなって河川を上る。このようにモクズガニは、サワガニのように終生河川で過ごす種と異なっ

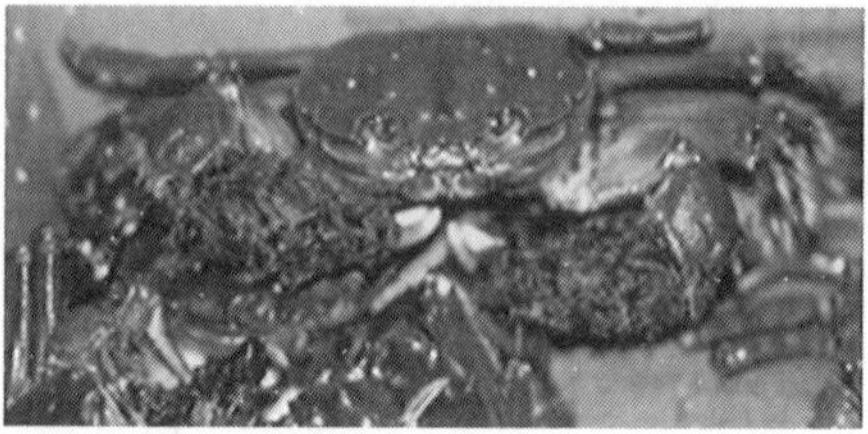

図4—4　三重県の清流宮川の上流に棲息するモクズガニ

て、川と海を行き来するカニである。モクズガニは、進化の過程で海から河川に生活の場所を移したが、幼生はいまだ海を必要としている種と言えよう。

モクズガニの寿命は6年以上であり、大きい個体では、甲羅の横幅が8㎝ほどにもなる。成長速度は、雌よりも雄のほうが速い。食性は雑食性で、動植物プランクトンの死骸に微生物が付着したデトリタス、石に付着する藻類、カワニナ、小型の魚介類を食する。河川では河口から上流域まで棲み、分布密度は、上流に行くに従って低くなる。日中は岩の下などに隠れ、夜間に隠れ場を這い出て、餌を漁《あさ》る。

また、モクズガニが時折、河川近くの陸上を歩いていることが観察されているが、短時間であれば陸上での歩行は十分に可能である。

ところで、現在、北海道の天塩川《てしおがわ》、渚滑川《しょこつがわ》、湧別川《ゆうべつがわ》、常呂川《ところがわ》、網走川《あばしりがわ》、留萌川《るもいがわ》、尻別川《しりべつがわ》、後志利別川《しりべしとしべつがわ》、鵡川《むかわ》、沙流川《さるがわ》などの河川にも、モクズガニが棲息している。日本列島の成立過程において、北海道は本州と一度も繋がっていなかったことがわかっている。本州に棲むモクズガニが北海道の河川にもいることは、食用淡水ガニとして人が移入した可能性が高い。調査報告によると北海道に住むアイヌの人々は、モクズガニを食用としていたようだが、いつ頃からモクズガニを食べはじめたかはっきりしない。

北海道には、鎌倉時代から室町時代にかけて、本州から和人が移り住みはじめ、函館《はこだて》付近の志苔館《しのりたて》や上之国勝山館《かみのくにかつやまだて》などに小さな館を建て住んでいた。その後、徳川幕府の幕藩体制の下、1604年（慶長《けいちょう》9年）に松前《まつまえ》藩が成立して多くの和人が住むようになった。領民は、交易などのため本州と往来していたことから、そのさいに当時の人々にとって重要なタンパク質源であるとともに嗜好品《しこうひん》でもあった淡水食用ガニのモクズガニを、青森県などの東北の河川湖沼から北海道の河川に移入した可能性も否定できない。

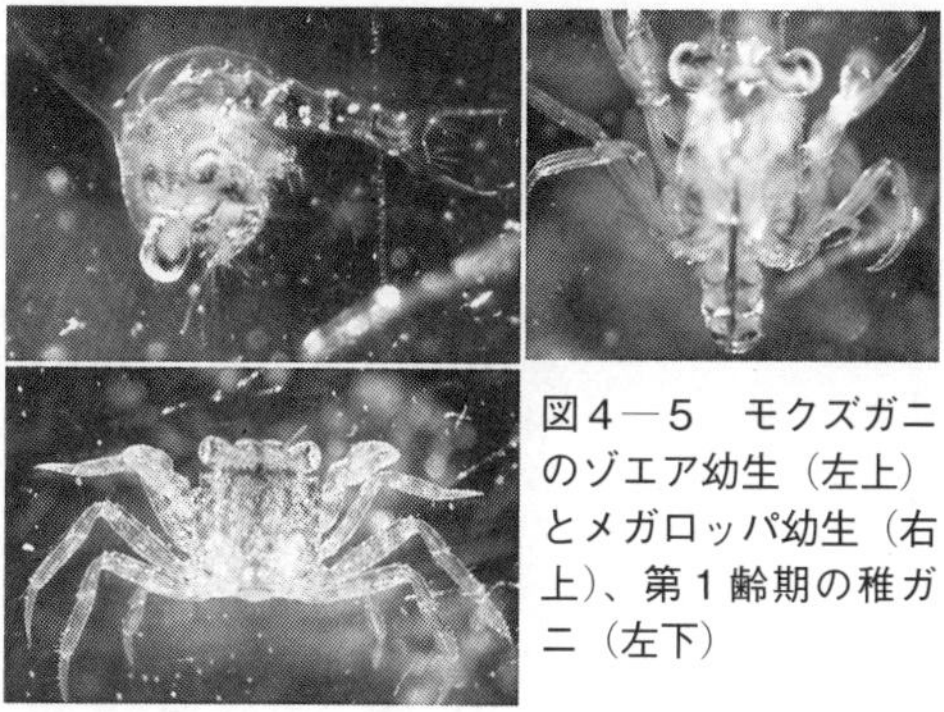

図4—5　モクズガニのゾエア幼生（左上）とメガロッパ幼生（右上）、第1齢期の稚ガニ（左下）

現在は、魚介類の移入は遺伝的問題だけでなく、さまざまな生態学的問題などを引き起こすことから禁止されているが、昔はそういった考えはなく、外来種も含めて多くの魚介類が各地に移入されている。モクズガニは、水から出しても数日生きている丈夫なカニであり、本州などの河川湖沼から北海道への移入にそれほど手間のかからないカニである。

1996年にフランスのパリを流れるセーヌ川で、本来いるはずのないモクズガニの近縁種のチュウゴクモクズガニが発見されている。実は、これよりはるか前の1912年にもドイツにおいて、北海《ほっかい》へ向かって北に流れるヴェーザー川でチュウゴクモクズガニが発見されている。これは、昔、中国上海《シャンハイ》からヨーロッパに貨物を運ぶばら積み船が、船のバランスをとるために、船底にチュウゴクモクズガニが棲息する長江《ちょうこう》（揚子江《ようすこう》）河口の砂を積んでいて、ヨーロッパに到着したさいにその砂を港付近の河口に捨てたときに、砂に混入していたチュウゴクモクズガニの稚ガニが、ヨーロッパの河川で増えたと考えられている。その後、チュウゴクモクズガニは、スペインやフランス、英国やポーランド、フィンランド、それにロシアなどの河川でも発見されている。最近では、ヨーロッパから遠く離れたカナダや米国の河川でも発見されているが、これらがばら積み船によるものか、あるいは人による移入によるものかははっきりしない。

渓流で終生暮らすサワガニの生態

サワガニは、日本の山間部の渓流に棲み、一生を淡水で過ごす。体色は生息地によって異なるが、茶褐色の個体が多い。甲羅の横幅は2・5〜3・0㎝ほどで丸みを帯びた形をしている。サワガニは、清澄な淡水に棲むことから、水がきれいなことを示す環境指標種になっている。雌ガニが稚ガニを腹部に抱いている状態は、8〜9月に見られる。交尾した後、雌は川辺の石の下などに穴を掘って棲み、腹部に直径が３㎜ほどの、他のカニの受精卵に比べて大きな受精卵を50個ほど抱く。１ヵ月ほど経つと受精卵は、親と同じ形をした稚ガニで孵化する。カニの多くは、ゾエア幼生で孵化するが、サワガニが親と同じ形の稚ガニで孵化するのは、幼生で孵化すると遊泳力のない幼生は海に流されてしまうためである。そのため卵の中で幼生期を過ごし、孵化したばかりの稚ガニは、まだよわよわしく雌親の腹部に抱かれた状態で10日ほど生活する。

　その後、親から離れた稚ガニは、年に２〜３回脱皮を繰り返して、しだいに大きくなり、雄では甲羅の横幅が約18㎜、雌では約19㎜ほどの産卵可能な成熟個体になるまでに、４年ほどかかる。寿命は10年ほどである。

　サワガニは、本州から、四国、九州、屋久島《やくしま》までの淡水に棲息している。いっぽう、屋久島にはサワガニと似た固有種で、甲羅の横幅２〜３㎝のヤクシマサワガニもいる。２０００年に新種として認められたカニで、特徴としては、体に黒い斑点模様があることで、標高が１０００ｍより低いところにはサワガニが、７００ｍより高いところにヤクシマサワガニが見られる。ヤクシマサワガニは、サワガニの祖先種と考えられていることから、九州から四国、本州に棲むサワガニは、ヤクシマサワガニから分化したサワガニが日本列島を北上したものであり、現在は九州から離れている屋久島が、氷河期に九州本土と繋がっていたことを示すものである。

　サワガニは、昼間はほとんど活動せず、夜になると隠れ場から出て、水中で枯れ葉や小魚などの生物の死骸を食べたり、頻繁に水辺に上がって、ミミズなども食べる。水温が低下すると水から上がり、水辺の石の下や朽ちた樹《き》の下に穴を掘り、越冬する。サワガニは湿度の高い水辺の近くであれば、鰓の表面が水で濡《ぬ》れるか湿っていれば十分に呼吸できる。ちなみに、カニが泡を吹く理由は、カニの鰓に空気が入って鰓の中に含まれた水分と混ざって、口から出ているためであり、息苦しくなっている状態と考えてよい。

生涯を淡水で過ごすニホンザリガニは脱皮前に胃の中に胃石を形成してカルシウムを貯めることが知られているが、同じ淡水で生涯を過ごすサワガニは、脱皮前に胃の中に胃石を形成しない。おそらく、サワガニは、ニホンザリガニに比べて頻繁に水から出て、水辺でミミズをはじめとしてさまざまな陸上の小型の生物やその死骸を摂餌していることから、脱皮後の外骨格の石灰化に必要なカルシウムを十分に摂取できているため、胃石を形成する必要がないと考えられる。

イソギンチャクのクローンを複製して身を守るキンチャクガニ

キンチャクガニは、甲羅の横幅が8～10㎜ほどの小さなカニで、和歌山県、高知県、伊豆大島《いずおおしま》、小笠原《おがさわら》諸島、奄美大島、沖縄、南太平洋からインド洋のサンゴ礁や岩礁などの、砂混じりの転石やサンゴの瓦礫《がれき》の下などに潜んでいる。体色は通常ピンク、茶色、黄色にパターン化されているが、サンゴ礁に棲むキンチャクガニ科の一種リビア・テッセラタは体表を覆ったカラフルな模様が、色とりどりの色彩にあふれた周囲の環境に溶け込み、カモフラージュにもなっている。また、このキンチャクガニの左右の小さな眼の下には、黒で縁取りしたオレンジ色の斑点があり、一見するとまるで大きな眼のように見えることから、この眼に似た斑点を使って外敵の魚などを精いっぱい威嚇しているのだろう。

キンチャクガニが属するキンチャクガニ科は、世界には2属10種、日本には4種がいる。そのすべての種が常にイソギンチャクをハサミで挟んでいる。通常、カニの鉗脚（ハサミ脚）は、外敵から身を守ったり、餌を砕いたりあるいは摑むのに重要な役割を果たしているが、そのハサミを常にイソギンチャクを挟むために使っている、なんとも不思議なカニである。ハサミは細長く、内側には上下それぞれ8〜9本の鋭い歯が並び、イソギンチャクをしっかりと摑む構造となっている。

一見すると、ハサミの先に玉房状のポンポンみたいな飾り玉が付いているように見え、しかもこれを常に振り回していることから、欧米では「ポンポン」クラブと呼んだり、あるいはグローブで両手を覆ったボクサーのようにも見えることから、ボクサークラブとも呼ばれている。

実はハサミのイソギンチャクは飾りものではない。カニハサミイソギンチャクと呼ばれる刺《し》胞《ほう》に毒針を持つイソギンチャクをハサミでしっかりと摑み、これを振りかざすことによって、魚類やタコなどの捕食者から身を守っているのである。ハサミに挟んだカニハサミイソギンチャクをよく見てみると、体は2〜3㎜と極めて小さいが餌を摂るための触手が口盤上に並んで

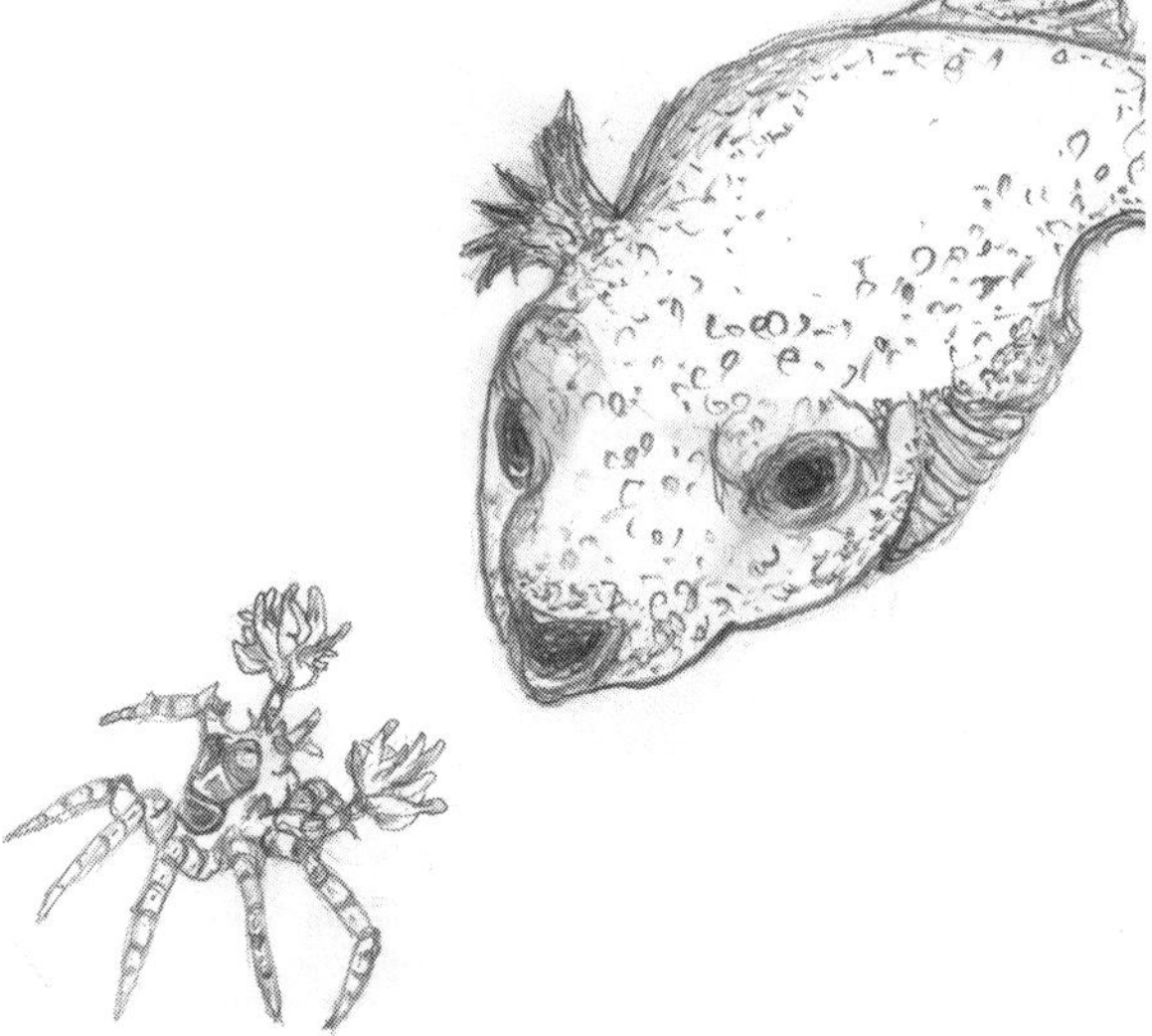

図4―6　キンチャクガニは外敵の魚が襲ってくると、左右のハサミに挟んだ刺胞に毒針を持つイソギンチャクを相手に向かって振り回して身を守る（作図・矢野明子）

いて、中央に口が開き、その下に胃があり、さらにその下に体を支える足盤と、必要なものがすべて揃《そろ》っている。

このように、キンチャクガニは単にイソギンチャクの切れ端をハサミに挟んでいるのではなく、1個体を丸ごとハサミに挟んでいる。

キンチャクガニは、外敵のフグなどの魚が近づくと、カニハサミイソギンチャクを挟んだハサミを外敵に向かって振り回すことから、イソギンチャクの刺胞の毒針が敵から身を守るのに有効だということを知っている。イソギンチャクの毒は、タンパク毒あるいはペプチド毒で、触手に触れると刺胞から毒針が発射され、小魚などを麻痺《まひ》させることができる。

それでは実際に、イソギンチャクをハサミに挟んだキンチャクガニに対し、魚はどのような行動をとるのだろうか。フグなどの魚は、キンチャクガニがイソギンチャクを左右に振るのを見ても、危ないと思ってすぐに退散するのではなく、近づいて、しばらくじっと様子をうかがっている。そして、この後、魚はキンチャクガニに向かって食らいつこうと攻撃を仕掛けてくる。すると、キンチャクガニは魚の動きをよく見ていて、突進してくる魚の口に、刺胞に毒針を持つイソギンチャクを直接当てる。この瞬間、イソギンチャクの刺胞から毒針が魚の口に刺さって痛みを感じたのであろう、魚は攻撃を諦《あきら》めてキンチャクガニから去っていく。

キンチャクガニは、餌を摂るときにも両方のハサミにイソギンチャクを挟んだままである。ゴカイの仲間などの小さな生物や動植物プランクトンの死骸に微生物が付着したデトリタスなどの餌となるものを見つけると、キンチャクガニはそれを第2胸脚で押さえ、体を低くして口を餌に近づけて、口の周りにある顎脚を使って器用に食べる。この食事中、餌の一部がハサミに挟んだイソギンチャクの上にこぼれ落ち、結果としてイソギンチャクに餌を与えることになる。また、ときには顎脚で掴むか第2胸脚で持ち上げた餌をイソギンチャクの上に置いて顎脚を使って食べ、その一部がこぼれ落ち、イソギンチャクの餌となっている。

このように、キンチャクガニは外敵から身を守るためにイソギンチャクを利用し、イソギンチャクはキンチャクガニから食べこぼしをもらうという、相利共生関係を保ちながら生活している。

イソギンチャクをめぐる死闘

ところで、キンチャクガニがそのハサミの1つからイソギンチャクを失うと、他のハサミからイソギンチャクを縦に2つに均等に引き裂いて左右のハサミに装備する。自然界のイソギンチャクは、無性生殖で増殖するときは体を固着する足盤が2方向に向かって伸長し、その引っ張りによって、徐々に上のほうまで体が裂けていき、最後に口盤の中央にある口がちぎれて2個体になる縦分裂で増殖することがわかっている。こうした事実から想定して、キンチャクガニはイソギンチャクが無性生殖で増殖するしくみを知っていて、ハサミで縦に2つに均等に引き裂いてクローンを複製しているに違いない。

複製されたイソギンチャクは成長し、数日で元の大きさに再生する。この後、キンチャクガニは左右のイソギンチャクが大きくなりすぎないようにサイズを調整している。

キンチャクガニは、前述した第2胸脚を使った餌の摂り方とは別に、ときにはイソギンチャクの刺胞の毒針を利用して稚魚などの小さな生物を狩り、餌としていることが明らかにされている。しかし、このときも狩った稚魚などはイソギンチャクには直接やらず、自分で食べている。あくまでイソギンチャクがもらう餌はキンチャクガニが食べるときに出るおこぼれである。

このようにして、イソギンチャクには十分な餌を与えず、まるで「盆栽」のように小さいままでいるようにしている。実際、キンチャクガニからハサミに挟んだイソギンチャクを奪い、キンチャクガニがいない水槽で餌を与え、飽食させて育ててみると、イソギンチャクは色が明るくなり、触手も長くなり、3ヵ月ほど経つと足盤のサイズも2・5倍以上になることが明らかになっている。

両ハサミに常にイソギンチャクを挟みながら餌を摂る方法では、キンチャクガニ自身が摂ることができる餌の種類や量は限られている。しかも結果として摂った餌の一部をハサミに挟んだイソギンチャクにも与えていることから、それらが制限になってキンチャクガニ自身もいつまでも1㎝に満たないサイズになっているのかもしれない。

ところで、キンチャクガニは食事のときにもイソギンチャクをけっして離さずにいることをすでに説明したが、脱皮のときはどうしているのであろうか。キンチャクガニはハサミにイソギンチャクを挟んだまま脱皮する。脱皮した後、キンチャクガニはすぐに抜け殻のハサミに挟まれたイソギンチャクをハサミに挟み直した後、殻が硬くなるまでしばらくの間、岩陰などに身を隠す。

２０１７年に、イスラエルのバル・イラン大学のイズラエル・シニッツァーたちは、紅海に棲むキンチャクガニの一種リビア・レプトケリスを使って、イソギンチャクを持つキンチャクガニと持たないキンチャクガニを一緒に置くと、イソギンチャクを持たないキンチャクガニは、相手からイソギンチャクを奪うことを報告している。奪い取る様子は詳しく観察されている。最初の2時間ほどは、相手から攻撃を仕掛けられても、イソギンチャクを持つキンチャクガニはなんとか奪われないよう、イソギンチャクを高く持ち上げている。しかしその後、両者は互いに向かい合って、くんずほぐれつの激しい闘いになり、最後はイソギンチャクを持たないキンチャクガニが相手を羽交い絞めにして片方のハサミを押さえて、1個のイソギンチャクを無理やり奪い取る。闘いを始めてから奪い取るまでの時間はなんと7時間ほどもかかり、両者の闘いはまさに死闘と言っても過言ではない。

この後、イソギンチャクを奪い取ったキンチャクガニも奪い取られたキンチャクガニも、片方のハサミに挟んだイソギンチャクを縦に均等に2つに割って両ハサミに挟んで無性生殖を誘発しクローンを複製する。

また、シニッツァーたちはこのカニがハサミに挟むイソギンチャクの遺伝子を調べた。その結果、各カニが持つ左右のハサミのイソギンチャクの遺伝子はまったく同じであり、他のカニのイソギンチャクとも互いに極めてよく似た遺伝子を持っていた。このことから、紅海に棲むキンチャクガニがハサミに挟むイソギンチャクは、もともと1つの個体であったことを示唆している。

こうした事実を総合すると、キンチャクガニは、イソギンチャクを失ったときは、自然に棲息するイソギンチャクをハサミに挟んで持つのではなく、別の個体が持つイソギンチャクを無理やり奪って、それを引き裂いて2つにしてハサミに挟んで持つと考えられる。つまり、その域内で同じクローンのイソギンチャクを長期間にわたって利用し続けている可能性が高い。

第5章　エビ・カニの外骨格の秘密

エビ・カニは甲殻類と言われるように、硬い殻で体が覆われている。しかも、雄のズワイガニでは、28㎝にもなるほどの長い脚を持つ。本章ではこのような、特徴的な外骨格について話をしよう。

①長い脚で爪先立って歩く本当の理由

先端が尖った脚を使って爪先立って歩くエビ・カニ

十脚目のエビ・カニは、その名前が示すように、左右10本の胸脚を持っている。カニは、第1胸脚がハサミ状の鉗脚となっていて食べ物を摑んだり、切り刻んだり、ときには外敵や仲間同士との争いに使われている。第2胸脚から第5胸脚は水底を歩くために使う歩脚になっていて、すべて先端が棘のように鋭く尖っている。しかし中には、遊泳するワタリガ

図5—1　先端が棘のように鋭く尖った長い脚を使って爪先立って歩くクモガニ科のカニ（Falciai & Minervini, 1992を参考にして矢野明子作図）

ニ科のガザミのように、ときに第5胸脚の先端が平たく、まるで船を漕ぐオールのようになっているカニもいる。

また、エビでは、泳ぐための遊泳肢を別に持つクルマエビやホワイトシュリンプは、第1胸脚から第3胸脚までの胸脚は餌を掴むための鉗脚となっていて、第4胸脚と第5胸脚の先端のみが棘のように鋭く尖っている。したがって、ホワイトシュリンプやクルマエビは、先端の尖った第4胸脚と第5胸脚を使って爪先立って水底を歩いている。しかし、同じエビでもイセエビは、餌を掴むときは、もっぱら口の周辺にある顎脚を使うため、胸脚には鉗脚がなく、第1胸脚から第5胸脚まで、すべて先端が棘のように鋭く尖っており、それらを使って爪先立って歩いている。

このように、エビ・カニは、海や川の底を歩脚を使って歩くとき、いつも胸脚の尖った先端のみを使って着地している。

なぜ、エビ・カニは、先端が尖った歩脚を使って爪先立って歩くのだろうか。実は、エビ・カニが歩く海や川の水底は、動植物プランクトンをはじめとするさまざまな生物の死骸が堆積《たいせき》している。こうした堆積物は多くの有機物を含んでいることから、細菌の栄養源となる。このことに加えて、海や川の底は、水深が深いため紫外線もほとんど到達せず、水温も比較的安定していることから、細菌にとって増殖しやすい環境となっている。

エビ・カニの殻は、海水にいる細菌によって分解されやすい

このように、海や川の水底には水中よりもはるかに多くの細菌がいる。その細菌の中には、エビ・カニの外骨格を構成しているキチンを最終的にグルコースにまで分解するキチン分解細菌や、タンパク質を最終的にアミノ酸にまで分解する細菌などがいる。キチン分解細菌などを含む従属栄養細菌の密度を、水中と水底とで比較すると、水中では1mℓあたり1万個に満たないが、水底は多いときは100万個にもなる。

そのため、エビ・カニは、外骨格をキチン分解細菌の攻撃から守るために、つるつるした最表層の表クチクラ（図1―13）の構成成分を、キチンではなくリポタンパク質にしている。キチン分解細菌は、表クチクラを構成するリポタンパク質を分解できないため、擦れや傷によってリポタンパク質の表クチクラが傷つき、その下のキチンからできている外クチクラが露出し

なければ、特に問題とならない。

だが、海や川の水底で生活するエビ・カニの多くは、移動のために海底を頻繁に歩行しなければならない。貝殻やフジツボなどの破片、それに石や岩の瓦礫などが無数に転がった海や川の底での歩行は、ときに歩脚を傷つけることになる。また、固い水底を歩いた場合も、歩脚が擦れて、傷つくこともある。

もし、エビ・カニの歩脚が傷つけば、表面の表クチクラが剝離《はくり》して、その下にあるキチンとタンパク質から構成される外クチクラが露出する。この露出した外クチクラは、海底に無数にいるキチン分解細菌などから攻撃されてすぐに溶かされてしまう。その後、キチンとタンパク質からなる内クチクラと膜層もキチン分解細菌などによって次々と溶かされ、内部にまで通じる微小な穴が傷口にできる。通常は、エビ・カニは、免疫システムを使って、このような微小な穴は血液凝固ですぐに塞ぎ、その後、メラニンで覆ってしまう。だが、傷口が深く大きい場合は、キチン分解細菌などによって溶かされてできる穴も大きく広がることから、メラニンで塞ぐこともできなくなるため、ビブリオ菌などの細菌がエビ・カニの体内に侵入し、体内で増殖することになる。エビ・カニは、侵入した細菌を死滅させる免疫システムを持つが、侵入する細菌が多すぎたときは、死に直面することになる。

このように、エビ・カニにとって海や川の底の歩行は、ときには死をもたらす危険な行為になっている。

ちなみに、キチン分解細菌などの従属栄養細菌はどれくらいの速さで殻を分解することができるのだろうか。クルマエビの稚エビが脱皮したさいに脱ぎ捨てた抜け殻をそのままにして日を追って観察してみるとよくわかる。脱皮直後に、エビの姿をほぼ呈していた抜け殻は、しだいに形状が崩れ、3、4日もすれば跡形もなく消えてしまう。水中のキチン分解細菌などが恐ろしく速いスピードで殻を分解する能力を持っていることを容易に知ることができる。

先端が棘のように尖った形状をした歩脚を使って爪先立って歩行すると、着地するときに地面と接触する歩脚先端部の表面積を最小にすることができる。これによりエビ・カニが海や川の底を歩くときに発生する歩脚の傷を減らすことができるようになる。また、ヒライソガニやクルマエビの歩脚先端部分は他の部位に比べて、際立って外骨格が厚くなっている。つまり、エビ・カニは歩脚先端部の尖った爪先の部分をほぼまるまる厚い外骨格にして硬くし、構造的にも爪先歩きができるようにしている。こうしたいくつかの理由で、エビ・カニは、地面との接触等によって発生する殻のスレや傷つきを最小限にとどめていると思われる。

エビは腹部の下側面に構造的な弱点を持っている

ところで、エビ・カニは、例外なく長い脚を持っている。なぜ歩脚が長くなっているのであろうか。

その理由は、エビでは腹部の下側面が、カニでは頭胸部の下に折りたたまれた腹節と尾節が

図5—2　クルマエビの側甲（腹節、左）は厚く硬いのに比べて、腹部の下側面（右）は半透明な薄い膜となっている

構造的な弱点を持っているためである。

まず、エビの腹部下側面の弱点についてだが、エビの多くは外敵に出会うと腹部をくの字に大きく折り曲げた後、その反動で大きく反り返り跳ねて逃げていく。このような大きく跳ねる逃避行動をとるために、エビの腹部の構造は実に巧妙にできている。腹部には、伸縮性がある腸や生殖巣や腹部神経節などもあるが、大半は筋肉が占めている。エビの腹部の上側面と側面は、6枚の側甲（腹節）で覆われている。側甲は、表クチクラ、外クチクラ、内クチクラ、膜層からなる石灰化した硬い外骨格で構成されている。

6枚の側甲は、軟らかい薄膜で互いに繋がっている。薄膜は、キチンを成分とするクチクラ膜で、石灰化していない。側甲が、伸縮性のある軟らかい薄膜で互いに繋がっているのは、硬い側甲そのものを曲げたり反り返したりすることができないためである。エビは、側甲を繋いでいる薄膜を伸ばしたり縮めたりすることによって腹部をくの字に曲げた後、反り返っている（図1—10）。

いっぽう、腹肢（遊泳肢）を持つ腹部の下側面は、軟らかい伸縮性のある膜で覆われている。この膜もキチンなどを成分とするクチクラ膜で、石灰化していない。膜の厚さはイセエビやクルマエビでは側甲の厚さの3分の1ほどしかない。腹部の下側面が軟らかい伸縮性のある膜で覆われているのは、腹部をくの字に曲げた後、瞬時に反り返るためである。もし、腹部の下側面が上側面や側面と同じような硬い構造になっていたら、腹部を曲げた後に反り返ることはできるだろうが、その動作が遅いため、反り返りで生まれる反動は弱く、跳躍することはできないと思われる。

腹部の下側面を覆っている膜は筋肉とは密着しておらず、膜と筋肉との間には隙間があり、その隙間に血液が溜《た》まっている。エビでは心臓や血管以外のところにも血液が存在するが、腹部の下側には特に多量の血液が溜まっている。私は、クルマエビから実験に使用する血液を採取するときは、血管や心臓からでなく、いつもこの腹部の下側面を覆う薄膜に極細の針を差し込んで注射器で採取している。

海や川の水底で生活するエビの多くは、移動のために海底を歩行しなければならない。もし腹部の下側面を覆う薄い膜が貝殻の破片や固い地面などで傷つけば、傷口から血液が流れ出す。もちろん、エビは傷口からの血液の流出を防ぐために、血液を凝固させて傷口を塞ぐことができる。だが、傷口が大きい場合は傷口は血液凝固では塞げず、腹部の下に溜まった血液の大半は体外に流出してしまう。多量の血液が体外に流出すると、エビはしだいに弱って死んでしまう。

このようにエビは、腹部の下側面に大きな弱点を抱えている。こうした弱点を補うために、エビは歩脚を長くして、その長い歩脚で腹部を持ち上げて、腹部の下側面を覆っている膜が水底にある貝殻やフジツボなどの破片や固い地面などに直接触れないようにしていると思われる。

カニは頭胸部の腹側面を覆う外骨格が薄くそれほど硬くない弱点を持っている

いっぽうカニは、外敵から襲われたときは、エビのように腹部を曲げた後その反動で飛び跳ねて逃げることはせず、早足で横歩きしながら逃げる。このためカニは、体全体を外骨格で覆っている。だが、外骨格の厚さと硬さの度合いは一様でなく、頭胸部の上側面と腹側面では明らかに違っている。頭胸部の腹側面の外骨格は、腹節と尾節を覆う外骨格も含めて、上側面の甲羅に比べると厚さと硬さが劣っている。海や川の底を這うカニが外敵から襲われるのは、腹側面からでなく、上側面からであることから、身を守るために上側面の外骨格がより厚く硬くなっているのだろう。

また、海や川の水底で生活するカニも、エビと同様に、移動のために水底を頻繁に歩行しなければならない。そのために、頭胸部の腹側面の外骨格や腹節や尾節の外骨格が貝殻やフジツボなどの破片や固い地面で擦れて傷つくこともある。もし、これらの外骨格が傷ついた場合、歩脚が傷ついた場合と同じことが起き、カニは死に直面することになる。

このようにカニも、頭胸部の腹側面の外骨格や腹節や尾節の外骨格に大きな弱点を抱えている。こうした弱点を補うために、カニは歩脚を長くして、その長い歩脚で頭胸部全体を持ち上げて、腹側面を覆っている外骨格や腹節や尾節の外骨格が水底に直接触れて傷つくことがないようにしていると思われる。

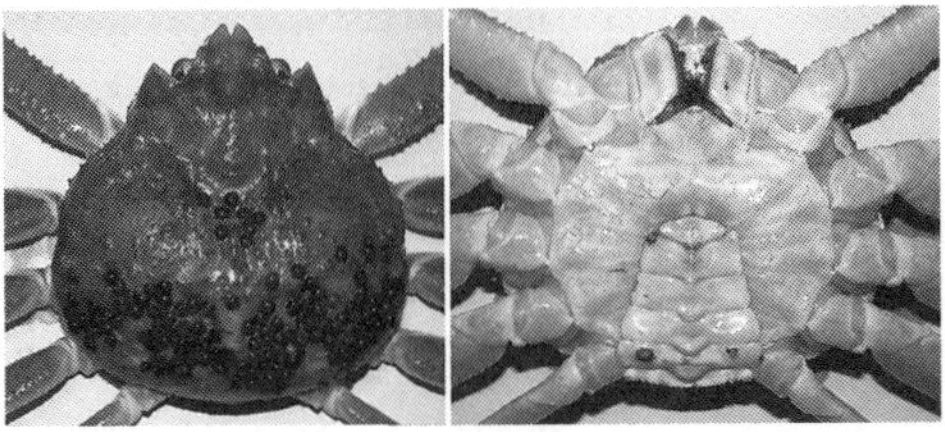

図5―3　ズワイガニは甲羅が厚く硬いのに比べて腹側面を覆う外骨格は薄くそれほど硬くない

長い脚を持ち、爪先立って歩く本当の理由

海や川の底では、体重が数十gほどのモクズガニやクルマエビだけでなく、体重が数kgにもなる大型のズワイガニやイセエビも、長い歩脚を使って爪先立って歩いている。このように体重の重たいエビ・カニも爪先立って長時間歩くことができるのは、エビ・カニが浮力のある水中に棲むためである。

長い歩脚を使って腹部や頭胸部を持ち上げながら爪先立って歩くエビ・カニの歩行姿勢は、おそらく太古から続く長い進化の過程で生まれたものと思われる。太古のエビ・カニの祖先種の中には、さまざまな長さや形状を持つ歩脚を使っていろいろな歩き方をするものがいたはずである。その中で、長い歩脚を使って腹部や頭胸部を持ち上げながら爪先立って歩く姿勢は、キチン分解細菌などの細菌が無数にいる危険に満ちた海や川の底での生活において身を守るために欠かせないものだったと思われる。

そして、このような歩行姿勢を持つエビ・カニは、死亡することも少なくて、数も増え、その結果、現在のエビ・カニの脚の形や歩き方が生まれたに違いない。

②ダイナミックな物質の動きを見せる外骨格

強靭性と柔軟性を併せ持つ外骨格

エビ・カニは、脊椎動物のように内部に体を支える脊椎などの内骨格を持たず、代わりに体表を硬い外骨格で覆って軟らかい内部の臓器を保護・支持している。エビ・カニの硬い外骨格はどのような構造をしていて、どのような機能を持ち、どうできているのかを詳しく見てみよう。

第1章の図1―13に示したように、エビ・カニの外皮は外骨格とそれを裏打ちする一層の表皮細胞およびそれに隣接する色素細胞とからなる。それらの細胞間に、剛毛形成細胞とロゼット状の外皮腺が散在している。表皮細胞は、外骨格の形成と吸収にかかわり、色素細胞は内部に色素顆粒を持ち、クルマエビ類などでは体色の発現にかかわっている。外皮腺は、体表を覆い細菌の攻撃から身を守る複合糖質からなる粘液を分泌する。剛毛は体表を保護する役割を持つだけでなく、一部は感覚器官としての役割を持ち、剛毛形成細胞によって形成される。

外骨格を光学顕微鏡で見ると、均質無構造の表クチクラを除いて、他の3層はいずれも層線構造になっている。その厚さは、内クチクラが最も厚く、ついで外クチクラ、膜層の順で、表クチクラは極めて薄い層である。外クチクラと内クチクラは、カルシウムが炭酸カルシウムの形で沈着し石灰化している。

いっぽう、外骨格を電子顕微鏡で観察すると、基質の微細構造は、各クチクラによって異なっている。表クチクラは他のクチクラと違って線維性構造はまったく認められない。外クチクラは、外骨格の表面に対し、ほぼ平行に走る微線維あるいはその線維束（幅3〜40nm）からなる幅150〜430nmの層と、顆粒状の物質よりなる幅70〜170nmの層とが交互に層状に配列している。この顆粒状の物質は外クチクラの下層部でしだいに融合し、その成分はムコタンパク質と推定される。これに対し、内クチクラは多数の微線維からなる線維束（幅38〜80nm）が外骨格の表面に対しほぼ平行に走り、その一端は30度あるいはそれ以上の角度で弧を描くように上下に分岐する構造の繰り返しによる層状構造をしている。内クチクラの線維は外クチクラのそれに比べてはるかに幅広く、枝分かれしている。このような外クチクラと内クチクラの線維性に富んだ構造は外骨格を弾力性、屈曲性

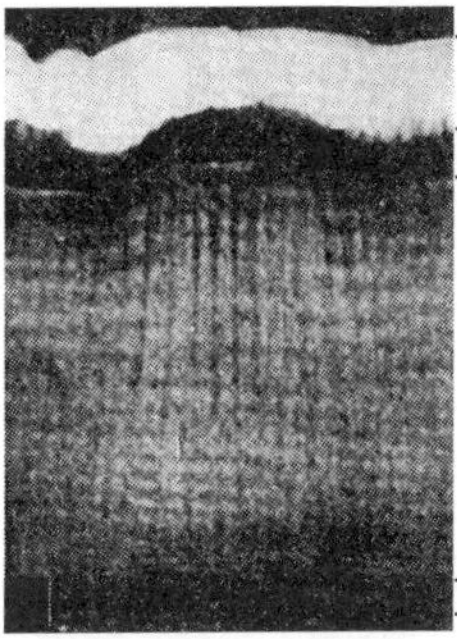

図5—4　ヒライソガニの背甲外骨格の軟X線撮影写真（矢野，1977より）

のあるものとしている。

外クチクラや内クチクラで見られる微線維の成分は、キチンとタンパク質の結合体と考えられる。

また、膜層から表クチクラと外クチクラの移行部までポアキャナルと呼ばれる細管が通っている。その中には、小胞体を有する表皮細胞の突起が嵌入《かんにゅう》している。表皮細胞は、外骨格と直接接触し、隣接する色素細胞は細胞質の突起を周囲に長く伸ばしているが、外骨格と接触することはない。外骨格と表皮細胞はところどころに接着のための半接着斑があり、その部分から数多くの微小管が表皮細胞内を走っている。

表5—5　カニの外骨格に含まれるキチン、タンパク質、カルシウム、マグネシウムの含有量（矢野，1977より）

	キチン mg/g	タンパク質 mg/g	カルシウム mg/g	マグネシウム mg/g
ケガニ	184	105	213	12
ガザミ	90	65	253	21
ヒライソガニ	106	47	269	22

浮力のある水底を歩行するために石灰化して、外骨格の比重を海水の比重よりも大きくする

前述したように、エビ・カニの外骨格の各クチクラの中で石灰化して硬くなっているのは、外クチクラと内クチクラの2層である。炭酸カルシウムのカルサイトの結晶塊は外クチクラでは一様に分布せず、上層部に密に並んでいるのに対し、内クチクラではほぼ全域にわたって分布している。カルサイトの結晶は厚さ30～120nmのレンガ状を示し、基質の線維の上に沈着している。結晶の長さは短

いものでは80nm前後であるが、長いものでは3000nmあるいはそれ以上に達し、帯状になって外骨格の表面にほぼ平行になるように配列している。

このように外骨格は、屈曲性と弾力性に富みかつ圧縮力と引張力に対し高い対応力を持っている線維の束がさまざまな方向に並び、そこにカルサイトの結晶が沈着する構造になっていて、強靭性と柔軟性を併せ持つ組織となっている。

カニが外骨格の基質にカルサイトの結晶を沈着させるのは、なぜなのだろうか。現在、エビ・カニの外骨格の一部がキノンの誘導体がかすがいのようにタンパク質を結びつけるキノン硬化によって硬くなっていることがわかっている。もし、外骨格の大半がキノン硬化によって硬くなれば、あえてエビ・カニは外骨格の基質に炭酸カルシウムの結晶を沈着させる必要はないと思うが、実際にはそうなっていない。その理由として考えられるのは、海をはじめとする水中に棲息するエビ・カニの多くは、もっぱら水底を歩行して生活していることである。そのため、もしエビ・カニがキノン硬化だけで外骨格を硬くした場合、エビ・カニの比重は、海水の比重よりも小さくなり、浮力が働いてエビ・カニは体を底に沈めて歩行するのが難しくなる。

海や川で錘《おも》りを持たずに素潜りすると、浮力が働いて、潜るのは容易でない。私は、圧縮した空気を充塡《じゅうてん》したアクアラングボンベを背中にしょってスキューバダイビングをするさいに、そのままではまったく潜ることができないので、シンカーと呼ぶ1kgの鉛の錘りを腰に体重10kgあたり1個付け、その重さで体を沈めて、深く潜っていた。おそらく、エビ・カニも、この

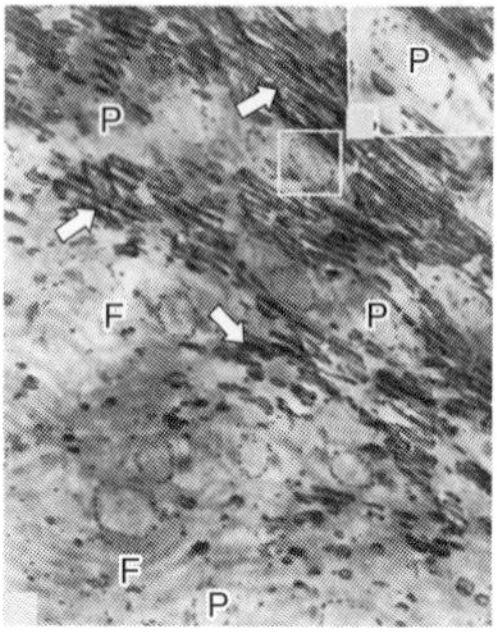

図5—6　ヒライソガニの外骨格の電子顕微鏡写真（34700倍）。微細な線維（F）の上に炭酸カルシウムのカルサイトの結晶（矢印）が沈着し、散在するポアキャナル（P）と呼ばれる細管の中に表皮細胞の突起が多数見える（Yano, 1980より）

シンカーのように、海水や餌に含まれるカルシウムを体内に取り込み、体内で発生する二酸化炭素と結合させ結晶化させたカルサイト型の炭酸カルシウムを外骨格の基質に沈着させる、いわゆる石灰化をすることで、外骨格の比重を海水の比重よりも大きくして浮力の問題を解決したと思われる。

いっぽう、外骨格に沈着したカルシウムは、いつも外骨格に貯められるだけでなく、必要なときには放出もしているのではないかという疑問が湧《わ》く。つまり、ヒトの骨は必要に応じてカルシウムを取り入れたり放出したりしているが、エビ・カニの外骨格も同様な働きをしているのではないか。一般に、外骨格はそのイメージから、一度できてしまえば、あとは死んだも同然の組織ではないかと思われているかもしれない。しかし、どうもそうとは思えない構造がエビ・カニの外骨格に見られるのである。

前述したように、外骨格を形成する表皮細胞の細胞質の突起がポアキャナルと呼ばれる細管を通って外骨格の表面近くにまで縦に伸びている。この構造から、新しく形成された外骨格が硬化つまり石灰化を完成させた後も、カルシウムは、このポアキャナルを通って自由に出入りしているのではないか、つまり外骨格はダイナミックな動的な組織なのではないか。

　このことを証明するために、外骨格の形成と炭酸カルシウムの沈着つまり石灰化が終わり、外骨格がすでに十分に硬くなった脱皮間期のカニの外骨格が、さらにカルシウムを取り込むかどうかを確かめる実験を行った。

沈着するカルシウムは常に出入りしダイナミックな動きをしている

　まず、海水を入れた2個の水槽にすでに完成した外骨格を持つ脱皮間期のヒライソガニを3尾ずつ収容した。ヒライソガニは甲羅の横幅が2・5㎝ほどの小さなカニで、飼育も容易であるため、実験には便利である。水槽の1つには、カルシウムの放射性同位元素$^{45}\mathrm{Ca}$をそのまま海水に入れ、もう1つの水槽には、ムラサキイガイの小さな肉片に$^{45}\mathrm{Ca}$を注入して、これを餌として与えた。24時間後、ヒライソガニを取り出し、解剖し、外骨格のみを確保した。次に外骨格を乾燥させた後、粉末にして放射能の有無を測定した。その結果、2つの水槽で24時間飼育した脱皮間期の6尾のヒライソガニの外骨格のいずれにも高い放射能が認められた。

　この結果は、餌や海水の中に$^{45}\mathrm{Ca}$を入れて飼育すると、たとえ完成した外骨格を持っていても、$^{45}\mathrm{Ca}$は、海水や餌から確実に外骨格の中に取り込まれたことを意味している。この場合は、$^{45}\mathrm{Ca}$は脱皮間期の石灰化が完了した外骨格にさらに沈着するのではなく、すでに外骨格の中に沈着しているカルシウムと入れ替わっていると考えられる。この実験によって、外骨格は完成した後でもカルシウムが絶えず出たり入ったりすることのできる、まさに生きている組織であることが明らかになった。

外骨格は飢餓に備えての栄養物質の貯蔵と供給も兼ね備えている

自然界では時折、なんらかの理由で餌を摂れなくなることがある。このときもエビ・カニは生き延びねばならない。この絶食時に、外骨格がなんらかの役割を果たしているかどうかを確かめるために、1ヵ月間餌をまったく与えずに、脱皮間期のヒライソガニを5尾飼育して外骨格がどのように変化するかを調べた。1ヵ月後、5尾のカニはすべて生きていて、いずれのカニも外見は飼育開始時とほとんど変わらず、なんら変化がないように思えた。この後、5尾のヒライソガニを解剖して、甲羅（甲皮）から外骨格の一部を幅5㎜ほど切り取り、厚さ6㎛の組織切片にして光学顕微鏡で詳しく観察した。

その結果、予想もしなかったことが外骨格で起きていた。驚いたことに外骨格の最下部の膜層のすべてと膜層の上にある内クチクラの半分ほどが消えてなくなっていた。この事象は、カニは長期間まったく餌を摂らないと外骨格のかなりの部分を吸収してしまうことを意味している。

外骨格の吸収は、脱皮のときと同様に、外骨格の直下にある表皮細胞が行っていることがわかっている。表皮細胞は、2つの方法で外骨格を吸収する。その1つは、表皮細胞の形質膜の一端が外骨格の内部に向かって入り込み、巻き込むようにして、表皮細胞の中に取り込む方法である。表皮細胞によって取り込まれた外骨格のキチンとタンパク質の線維は、おそらく細胞の中でグルコースとアミノ酸にまで分解されているのだろう。他の1つの方法は、表皮細胞が外骨格との間にあるごくわずかな隙間に消化酵素のキチナーゼとプロテアーゼを分泌して、細胞外で外骨格の主要な有機質のキチンとタンパク質をグルコースとアミノ酸にまで分解し、その後アミノ酸とグルコースを形質膜から取り込む方法である。

また、第1章で説明したように、エビ・カニは脱皮前に古い外骨格からキチンやタンパク質やカルシウムなどを取り込み、グルコースやアミノ酸などに分解し、脱皮後の新しい外骨格の基質形成や石灰化に使用している。このときも表皮細胞が同じように働いている。

この飼育実験によって、カニは餌がまったく摂れない飢餓が起きたときのために、外骨格を、体を維持するために必要なグルコースやアミノ酸などの栄養源の貯蔵・供給の組織として利用していることが明らかになった。おそらくエビも同様と思われる。

エビ・カニは、体を守るために外骨格を硬く堅固な組織にしただけでなく、比重を高くするために石灰化し、しばしば起きる飢餓に備えての栄養物質を貯蔵し供給する機能も持たせ、さらに外骨格に沈着したカルシウムを自由に出し入れするという、まさにすごいと思うほどのダイナミックな組織にしているのである。

③月夜の蟹のミステリー

「月夜の蟹」の言い伝えは、今に残されたミステリー

月夜すなわち満月のときに獲れた蟹は、肉の身入りが悪いという「月夜の蟹」の言い伝えがある。この言い伝えは、日本だけでなく、インドやアメリカなどにもある。

英字新聞として発行部数が世界最多であるインドの『ザ・タイムズ・オブ・インディア』（2016年2月6日）や、ヨーロッパのグルメ・マガジンのアメリカ版『サヴール』（2020年）は、それぞれノコギリガザミとブルークラブの料理についての記事の中で、満月のとき獲れたカニは肉の身入りが悪いと書いている。また、なぜ肉の身入りが悪いのかはっきりしたことはわからないが、カニを普段獲っている漁師から聞いた話だから、おそらく間違いないだろうとも書いている。しかし、世界の各地に伝わるこの言い伝えは、漁師が言うように本当に間違いないことなのだろうか。

1973年、私は、博士課程を終えて、カニの脱皮と外骨格形成についての5年間の研究成果をまとめた学位論文を提出した。その論文審査の中で、ある教授から「月夜の蟹」の言い伝えの真偽を問われた。私は、言い伝えが真実である可能性が高いと答えたものの、教授を納得させるほどの十分な説明はできなかった。こうしたこともあって、「月夜の蟹」の言い伝えは、

いつも私の頭の中にあって、いつかその真偽について、自分が納得できるまで科学的に検証したいと願っていた。私にとって、「月夜の蟹」の言い伝えは、現代に残されたミステリーの1つであった。

幸いなことに、その検証の機会は、すぐにやってきた。今からおよそ90年ほど前の昭和のはじめに、この古い言い伝えの真偽を実際に検証した科学者が二人もいたことを知ったのである。そのとき、私は三重県志摩《しま》郡阿児《あご》町《ちょう》（現志摩市）賢島《かしこじま》の農林省水産庁真珠研究所に入所したばかりであった。水産庁真珠研究所は、真珠が日本を代表する輸出産業の1つであった1953年5月に創立されていた。所内の片隅にあった小さな図書室には、明治後期から昭和初期にわたる極めて貴重な大学や研究機関の報告書や古い科学雑誌が収蔵されていた。私はこれらの古い書物を見るのが好きで研究の合間に図書室に行っては、それらを開いて読んでいたが、『水産学会報』（現在は廃刊）昭和9年版と『北海道水産試験場事業旬報』昭和12年版に、この古い言い伝えを検証した2つの論文を発見した。驚いたことに、この二人の学者は奇《く》しくも同時期に、この古い言い伝えが真実かどうか、明るい月夜の満月と暗い新月の日にカニをそれぞれ漁獲し、肉の重量を比較しその真偽を確かめていたのである。

月夜の蟹の言い伝えの真偽を検証した二人の研究者

ここでは、貴重な両氏の報告の内容をできる限り詳しく伝えたい。

その一人は、東京帝国大学農学部水産動物学教室に属する高芝愛治《たかしばあいじ》である。高芝は、その調査結果を1934年（昭和9年）の『水産学会報』第6巻に、「がざみ（*Neptunus trituberculatus* Miers）の生態並《ならび》に月の盈虚《えいきょ》による肉量の関係」という題名で報告している。高芝は、1933年4月から12月にかけて東京・品川《しながわ》の立会川《たちあいがわ》河口域で昼間に桁網《けたあみ》を使用してガザミを漁獲し、そのガザミを駒場《こまば》の農学部水産動物学教室に持ち帰って甲長、甲幅を測定した後、15％食塩水で40〜50分煮沸して肉をとり、体重に対するその割合を求め、月齢との関係を調べた。なお、桁網漁とは、袋になった網の口に長方形の鉄製の枠を嵌《は》め、その枠に取り付けた鉄製の長い爪が、砂中に潜っているガザミを直接掻《か》き出す漁法である。

その結果、4月11日の満月の日に漁獲された雄16尾、雌17尾のガザミの肉の体重に対する割合は、それぞれ28・0％および27・5％であった。また、8月7日満月の日に漁獲された雄9尾、雌5尾の肉の割合はそれぞれ30・4％および27・1％であった。いっぽう、4月25日の新月の日に漁獲された雄4尾、雌9尾の割合は、それぞれ29・0％および25・6％、8月23日の新月の雄9尾、雌12尾の割合はそれぞれ30・7％および27・3％を示した。

これらの結果から明らかなように、ガザミにおいて月齢と肉重量との間には一定の傾向が認められず、高芝は、「漁夫は月夜蟹につき信じ居るものの如《ごと》きも月の盈虚（満ち欠けの意―筆者注）による之等《これら》漁獲物の価格には何等《なんら》相違あるを知らず。要するに蟹肉量と月齢には何等関係なきものの如し」との文章で報告を終えている。つまり、高芝はその調査結果から「月夜の蟹は身が入っていない」という言い伝えを否定している。

いっぽう、高芝の調査から4年遅れて1937年に調査したのが、北海道水産試験場に勤務していた佐藤栄《さとうさかえ》である。佐藤は、同年に「月齢と鱈場蟹《たらばがに》重量の関係に就《つい》て」という調査報告書を『北海道水産試験場事業旬報』第372号に掲載している。佐藤の報告書の緒言を見ると、「由来月と漁業に関する俚諺《りげん》は古今を通じ洋の東西を問わず甚だ多し、本邦に於《おい》ては古来各地到《いた》るところに於て月夜の蟹は身が薄い……云々《うんぬん》と巷間《こうかん》伝わって居る。筆者は昭和十一年以来鱈場蟹増殖事業に従事し之が真疑に就ては現地に於てしばしば当業者の質疑を受け大なる興味を以《もっ》て之が解決を約した次第であるが茲《ここ》に参考の一助ともならばと想《おも》い菲才《ひさい》をも省みず一文を草して其《そ》の責に応うると共に不備の点は大方諸賢の御叱正《しっせい》を乞《こ》う次第である」と書かれている。この古い言い伝えに当時の人々がいかに興味を持っていたかが実によくわかる。

佐藤は、1937年2月28日から4月13日までの55日間に、北海道根室《ねむろ》からわずか30㎞離れた国後島《くなしりとう》の近海においてこの調査を行った。佐藤は、底刺網《そこさしあみ》を使用して漁獲した雄タラバガニ315尾の中で脱皮直後の個体を除いた残り283尾について、重量を測定し月齢との関係を調べた。なお、底刺網漁とは海底に網を立てるようにして張り、タラバガニが餌を求めて移動するときに網にかかる漁法である。調査の結果、満月の1日後の3月28日に漁獲されたタラバガニ9尾の中で平均重量を超える個体は6尾と、その割合は67％であったのに比べ、新月の4月10日に漁獲された9尾のうちでは4尾で、その割合は44％と、むしろ満月の日に漁獲されたカニのほうが平均重量を超える個体が多いという、言い伝えとは逆の結果が出た。その結果、佐藤は次のような文章で調査報告書を結んでいる。「個体測定資料に依《よ》る結果並《ならびに》上述の生物学的な観察を総合して見るに巷間に伝える月夜蟹云々の俚諺は少くも鱈場蟹の雄に就ては単なる虚説にすぎないものとおもわれる」と。

いずれにしても対象種や漁法の違いがあるが、高芝と佐藤はそれぞれその調査結果に基づいて、「月夜の蟹は身が少ない」という昔からの言い伝えをはっきりと否定している。両氏の結論は、少なくともこれらの調査結果から見る限り妥当なものと言えよう。しかし、高芝と佐藤のこれらの調査結果をもって、この古い言い伝えそのものを直ちに否定していいのだろうかという気持ちを少なからず私は持っている。

この古い言い伝えがいつの頃から伝えられているのかはっきりしないが、日本では古代に始まり、現代にまで伝わってきた言い伝えと考えられる。それでは、この言い伝えが生まれた古代の人々は、どのようにしてカニを獲っていたのであろうか、古代の漁法は前述した高芝と佐藤が調査に使用した漁法とは違っていたのではないか、その結果、間違った結論を高芝と佐藤は導き出したのではないかという疑問が湧いてくる。

古代のカニ漁はどのように行われたのか

古代の人々がいかなる種類のカニを獲って食べていたかを直接知る手がかりとなる貝塚には、

残念ながら、カニの甲羅はまったく残っていない。これは、たとえ古代の人々がカニを食べていたとしても、甲羅を貝塚に捨てれば土中にいる放線菌などが甲羅を構成するキチンやタンパク質を分解してしまい、その痕跡がまったく残らないためである。

それでは、月夜の蟹の言い伝えが生まれたと思われる古代では、どのような場所でどのような漁法を使って、いつ、どのような種類のカニを獲っていたのであろうか。

漁具や漁法が今ほど発達していなかった古代の日本では、人々は、潮が引いた後に干潟に現れる水深が数cmから数十cmの潮溜《しおだ》まり（いわゆるタイドプール）や水が流れる筋である澪筋《みおすじ》に歩いて入り、そこにいるワタリガニ科のガザミやタイワンガザミ、ジャノメガザミを見つけて、素手で直接摑むか、獣骨や鹿《しか》の角で作ったモリやヤスを先端に付けた棒で突き刺すか、あるいは木枠のタモ網で掬《すく》って捕獲して食べていたと考えられる。モリやヤスは、古代の人々の住居跡で数多く発見されている。また、タモ網は、住居跡から出土した土器などの表面に網の痕跡が残っていることから、古代の人々が、木枠と網で簡単にできる漁具として日常的に使っていたと考えられている。

また、古代の人々は、干潟に自然にできた潮溜まりや澪筋だけでなく、干潟に半円形などさまざまな形になるように無数の大小の石を高さ0・6〜1・5mほどに積み重ね、隙間に水が漏れないように泥や海藻などを詰めて、潮が引くと内側に海水が溜まる人工的な潮溜まりも造り、利用していたと考えられる。この人工的な潮溜まりは、石干見（いしひみ、いしひび）と

図5—7　ワタリガニ科のガザミなどを捕獲するために干潟に石を積んで築造された石干見（作図・矢野明子）

呼ばれ、その全長は数百mからときには数kmにもなったと考えられる。古代の人々は、干潟にこのような巨大な人工の潮溜まりを作り、潮が引いた後に内側に取り残されたガザミなどを素手で直接掴むか、モリやヤスあるいはタモ網を使って捕獲していたと思われる。こうした石干見は、日本では昭和の中頃まで遠浅の海を持つ長崎や大分、奄美大島、沖縄などの海岸に数多く残っていたが、現在は、近代的な漁法の導入と干潟での海苔《のり》養殖の発展、さらに干潟の埋め立てに伴って減少し、幻の漁法となりつつある。

古代の人々が、潮溜まりや澪筋さらに石干見でガザミなどを獲ることができたのは、ガザミが持つ習性のためである。ガザミは、別名渡り蟹とも呼ばれるように、移動するときに単に海底を這うだけでなく、先端がオールのように平たくなった第5胸脚を上手に使って、水中を自由に遊泳する。このため、ガザミは潮が満ちると同時に海岸近くまで泳いできて浅所で餌となるアサリなどの貝類やゴカイなどを摂った後、潮が引きはじめると再び沖合の水深30ｍほどの砂の海底に移動する。しかし、一部のガザミは、潮が引いた後も干潟にできた自然の潮溜まりや澪筋、人工的な潮溜まりの石干見に取り残されるのである。

このように、古代の人々が干潟でもっぱら捕獲したと考えられるガザミなどのワタリガニ科のカニが、月夜の蟹の言い伝えのもとになったカニと思われる。なぜなら、ワタリガニ科のガザミ、ノコギリガザミ、ジャノメガザミ、タイワンガザミの多くは、大きいもので甲羅の横幅が15～20㎝ほどにも成長し、身入りつまり肉の量が多い。なかでも、九州から四国、本州、北海道の南部の沿岸の浅い海に棲むガザミは平均甲幅が雌で18㎝ほど、雄で19㎝ほどにも大きく成長する。これに対し、干潟にたくさんいる小型のシオマネキやコメツキガニなどは、肉の量がごくわずかで、わざわざその身入りの良《よ》し悪《あ》しを月夜に絡めて後世に言い伝えるはずがないからである。また、深い海に棲むタラバガニやズワイガニは古代の人々は獲ることが容易でないだろうから、これらのカニも言い伝えのもととなったカニではないだろう。

それでは、古代の人々のカニ漁の時刻は、何時頃だったのであろうか。答えは、明るい日中でなく、日が沈み暗くなった夜間であったと思われる。古代の人々にとってもっぱら食用の対象となるワタリガニ科のカニは夜行性で、昼間は魚やタコなどの外敵を恐れて、砂中にひっそりと隠れていて、夜になりあたりが暗くなると摂餌のため這い出て、活発に動き回る習性を持

図5—8　ガザミは明るい日中は、砂に潜り隠れている（左図）が、暗い夜は砂から這い出て餌を摂るために活発に動き回る（右図）（作図・矢野明子）

っている。

ガザミなどのワタリガニ科のカニは、明るい昼間、砂中に隠れるときは、第2胸脚から第5胸脚の4対の脚を器用に使って砂を掻きながら、後方に向かって体を徐々に砂中に沈めて潜る。潜った後は両眼と口の周辺が砂中からわずかばかり露出しているだけなので、明るい昼間に、砂に潜ったガザミを広大な干潟で肉眼で探し出すのは極めて難しい。

そのため、古代の人々は、日が沈み暗くなって周りが見えなくなると、足元や周囲を照らすために松明《たいまつ》に火を灯《とも》して、潮が引いた後の干潟にある潮溜まりや澪筋、石干見に歩いて入り、摂餌のため活発に動き回るカニを見つけては、素手で摑み獲ったり、モリやヤスで突き刺したり、タモ網で掬ったりして捕獲していたと考えられる。

古代では、満月にカニ漁をすると身入りの少ないカニを捕獲することになる

このようにガザミの存在を直接自分の目で確認してから捕獲する古代の漁法では、明るい月夜つまり満月は、月が煌々《こうこう》と照って干潟は明るく照らされ、明るい昼間と同様にガザミを捕まえるのが難しくなる。その理由は、満月の夜は、その明るさが新月の夜とは大きく異なっているためである。夜、雲が月にかかっていないとき、満月の明るさは、照度で0・2ルクスもあるのに比べ、新月の夜は、わずか0・003ルクスほどの照度しかない。また、上弦、下弦の月夜でも、照度は0・01〜0・02ルクスである。つまり、満月の夜は、新月の夜に比べて60倍ほど、上弦、下弦の月夜に比べても、10〜20倍も明るい。しかも、大気汚染や水質汚染がなかった古代では、満月の光は、今以上に透明な大気や水を通して、干潟にいるカニを明るく照らしたに違いない。

昼間は砂に潜って身を隠しているガザミやタイワンガザミ、ジャノメガザミなどの多くのワタリガニ科のカニは、我々人間以上に夜の明るさに敏感で、たとえ夜でも満月の夜は、その明るさを嫌って砂から這い出てこなくなる。

これは、夜行性のワタリガニ科のカニは夜になると、複眼を構成する個眼の内部構造がわずかの明るさをも敏感に感じることができる夜型に変わる（31頁）ため、満月の夜は明るすぎて、警戒して出てこないためである。こうしたしくみは、夜行性のガザミでは、月の明るさに応じて変化するものでなく、体内時計による夜と昼の周期性のものである。

満月の明るさを嫌うのはガザミだけではない。日本では、海中で縦に網を張る刺し網を使ったイセエビ漁は、月が煌々と照る満月の夜には行われない。イセエビが満月の月夜の明るさを嫌って岩場から這い出てこない習性を持つことを、長年の経験から漁師がよく知っているためである。

２００５年に、オーストラリアのエディス・コーワン大学のスカンラヤ・スリスリチャンたちは、浅所の岩場に棲息するウェスタン・ロックロブスター（パヌリルス・キグヌス）は、明るい満月の夜には岩礁の隙間などの隠れ場から出てこないことから漁獲量も少ないことを報告している。また、メキシコ湾に沿ったテキサス州やルイジアナ州、フロリダ州などの沿岸では、ガザミと同じワタリガニ科のブルークラブの漁をする人々の間では、明るい満月の月夜は遊泳するブルークラブがわずかで、クラブポットと呼ぶカニ籠《かご》漁やタモ網で掬って獲る漁、リングネットと呼ぶ簡便なトラップ漁による漁獲量が、上弦や下弦の月夜に比べて大幅に少ないことが伝えられている。これらの事実は、イセエビやウェスタン・ロックロブスター、ブルークラブは、明るい満月の夜は、本能的に隠れ場の岩礁や砂の中から這い出て動き回ることを避けていることを示している。

ところが、明るい満月の月夜でも、干潟の潮溜まりや澪筋や石干見の中で体を露出しているガザミがいる。それは、脱皮が始まったため砂から這い出てきたガザミである。つまり、ガザミはいったん脱皮が始まると、たとえ明るい満月の夜でも砂の中から這い出てくる。ガザミは、

図5―9　「月夜の蟹」の言い伝えのもとになったと思われる、明るい満月の夜に潮が大きく引いた後の干潟の潮溜まりや澪筋や石干見で砂から這い出て脱皮するガザミと、それを捕獲する古代人（作図・矢野明子）

砂の中では思うように脱皮できないため、脱皮が近づくと必ず砂から這い出てきて砂の上で脱皮する習性を持っているのである。また、ガザミは脱皮が終わった後、新しい殻はまだ軟らかく動きも非常に鈍いため、すぐに砂に潜って体を隠すこともできず砂の上でじっとしている。脱皮が始まってから終わるまで、そしてその後、砂中に再び身を隠すまでの時間は、けっして短くなく数時間もかかる。

古代の人々は、すでに触れたように新月などの暗い夜は、松明に火を灯してガザミなどのカニ漁のために潮が引いた後の干潟に出たに違いないが、満月の夜は足元はもちろん周囲までも月が明るく照らすため、松明を持たずに潮が引いた後の干潟に出たと思われる。私は、子どもの頃、田舎の田んぼの畦道《あぜみち》を、満月の明るさだけを頼りに歩いたことがある。満月の光によって足元だけでなく、遠くまでもが明るく照らされていたことを、はっきりと覚えている。こうした明るい満月の月夜は、前述したように多くのガザミは明るさを嫌って砂の中に隠れていて姿は見えないが、脱皮中もしくは脱皮直後のガザミに限っては砂の上にいてすぐに目につき捕獲しやすくなる。脱皮中もしくは脱皮直後のカニは、古い殻を破って出てくるさいに体を膨らませるために体重の50%ほどの大量の海水を飲んでいることから、捕獲して食べると当然のことながら水っぽく、大きさの割に身、つまり肉の量も少ない。私は、こうした古代の人々の経験が数多く積み重なって、人々の間に「月夜の蟹は身が少ない」という言い伝えが自然に生まれ、後世に伝承されていったのではないかと考えている。

ところで、今の世の中でも、仮に満月の明るい月夜に海に出てカニ漁をしたら、同じような言い伝えがはたして生まれるのであろうか。残念なことに、古代の人々がもっぱらガザミなどの漁をした干潟は、日本ではその9割以上が、すでに埋め立てられ消失してしまっている。あえて、浅い海でガザミなどを捕獲し、月夜の蟹の言い伝えを検証しようとしても、月夜の蟹の言い伝えの謎を解く重要な鍵となる脱皮中もしくは脱皮直後のカニはじっとしてほとんど動かないことから、刺し網に掛かることはまずない。また、先端に鋭い鉄の爪がついた桁網を使えば、満月の明るい月夜に身を隠すために砂中に潜んでいるガザミも、脱皮のために砂から這い出てきている脱皮中もしくは脱皮直後のガザミも、一緒に容赦なく根こそぎ捕獲されてしまうので、このような「月夜の蟹」の言い伝えはけっして生まれることはないと思われる。

第6章　エビ研究の最前線から——交尾と生殖の解明

本章では生殖に欠かせない交尾と卵黄形成について、私の研究をふまえながら紹介しよう。

①クリスマスイブの贈り物

ハワイにある海洋研究所での新たな研究のはじまり

1985年9月から1年間、私は、ハワイ州オアフ島にある海洋研究所に訪問研究員として滞在した。海洋研究所は、オアフ島最東端に位置するマカプウ・ポイントの海岸にあり、研究所の眼前には、手前にウサギの頭に少し似た小さなラビット・アイランドが碧《あお》い海にまるで浮かんでいるように横たわり、その先には時折群れをなして泳ぐザトウクジラが現れ、さらにその先には何も遮るものがない水平線が見える、いかにもハワイらしい開放的な風景があった。

私は、養殖エビを対象とするシュリンププログラムに属した。シュリンププログラムには、

図6―1　オアフ島最東端に位置するマカプウ・ポイントの海岸にある海洋研究所の屋外飼育施設

研究者として博士号を取得したボスのジェームス・ワイバンなど3人、秘書1人、さらに4人の技能者（テクニシャン）の合計8人のスタッフがいた。

この4人の技能者は、研究の対象となるホワイトシュリンプ（リトペナエウス・ヴァンナメイ）の雌雄成体の飼育、餌やり、水質の管理だけでなく、成熟した雌エビを産卵させ、孵化した幼生を稚エビに育て、さらに屋外にある養殖池で親エビにまで育成するという大変な仕事を毎日こなしていた。

誰も見たことがないホワイトシュリンプの交尾

海洋研究所での私の最初の研究は、ボスのワイバンと相談して、ホワイトシュリンプの未成熟な卵巣片を無菌下で培養し、各種ステロイドホルモンが卵形成に及ぼす影響を調べることになった。こうした研究生活に慣れはじめたある日、4人の技能者が水槽内で交尾した親エビを使ってたくさんの稚エビを生産しているにもかかわらず、水槽内で行われているはずのホワイトシュリンプの交尾を目にした人は誰一人いないことを教えてくれた。

私は、この話を聞いてすぐに関連文献を調べた。その結果、ホワイトシュリンプの交尾を見

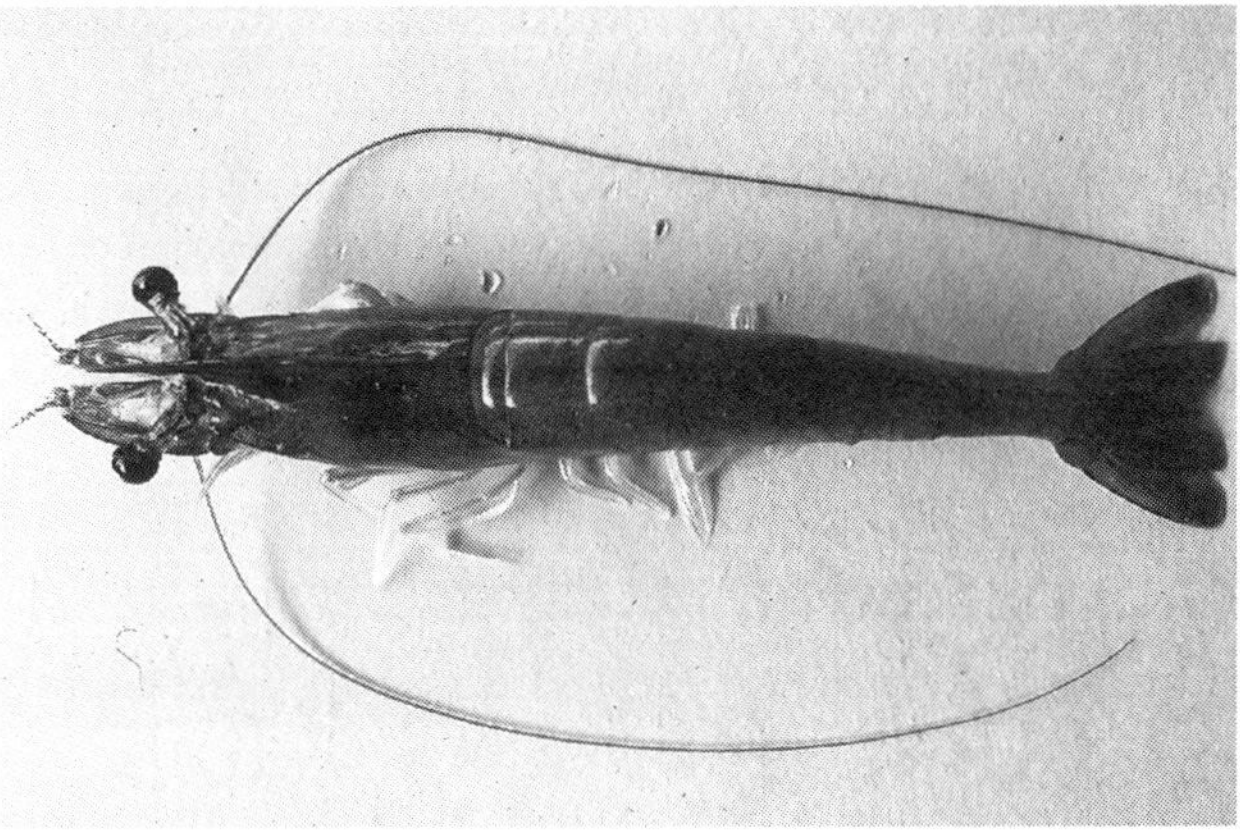

図6—2　海洋研究所で飼育しているホワイトシュリンプ（リトペナエウス・ヴァンナメイ）

た人は、今私がいる海洋研究所だけでなく、世界を見渡してもまだ誰一人としていないことを知った。このことが、私の小さな野心に火をつけた。海洋研究所にいる1年のうちに、何としてもホワイトシュリンプの交尾を自分の目で見て、その様子を世界に報告したいと思ったのである。

あれこれ調べたり聞き取ったりしているうちに、ホワイトシュリンプは産卵直前に交尾することがわかった。つまり、ホワイトシュリンプの成体の雌は産卵1～2時間前に、あらかじめ成熟した成体の雄と交尾して精子の入った精包を受精嚢に受け取る。そして雌は、産卵のさいにこの精子を使って卵を受精させることがわかった。したがって、雌は産卵前に必ず雄と交尾する。この交尾は、飼育棟では、消灯後2時間以内に起きている。なぜなら、消灯後2時間ほど経ったときに、雌の受精嚢を調べると、すでに交尾が行われたことを示す精包が付着しているからである。

ここまでは、すぐにわかった。しかし、もし交尾が消灯後に行われているとしたら、観察はとても難しい。なぜなら、消灯後は、水槽がある室内は暗くなって、エビの姿がまったく見えなくなり、交尾を観察するのが難しくなる。そんな暗闇《くらやみ》の中で、もしホワイトシュリンプの交尾を観察しようと懐中電灯をつけて水槽を明るく照らすと、エビは驚いてすぐに交尾を止めてしまう恐れがある。

どのようにすればホワイトシュリンプの交尾を観察できるようになるか、あれこれと考えていると1つのアイデアが浮かんだ。それは今照らしている水槽の明るさをもっと暗くする、つまり照度をかなり下げればホワイトシュリンプが薄暗い明るさに順応して、その明るさをストレスとして感じなくなるかもしれない、そうすれば、交尾を見ることができるかもしれないというアイデアである。このアイデアを4人の技能者にすぐに伝えて、直径6mの6個の大型円形水槽すべての中央に吊《つ》り下げている60ワットの昼白色電球1個を小型の変圧器に連結して、2〜3ルクスにまで思い切って下げてもらった。これは人の目が暗さに慣れてくると水中にいるエビの動きがギリギリわかる照度である。

クリスマスイブの日にはじめて観察

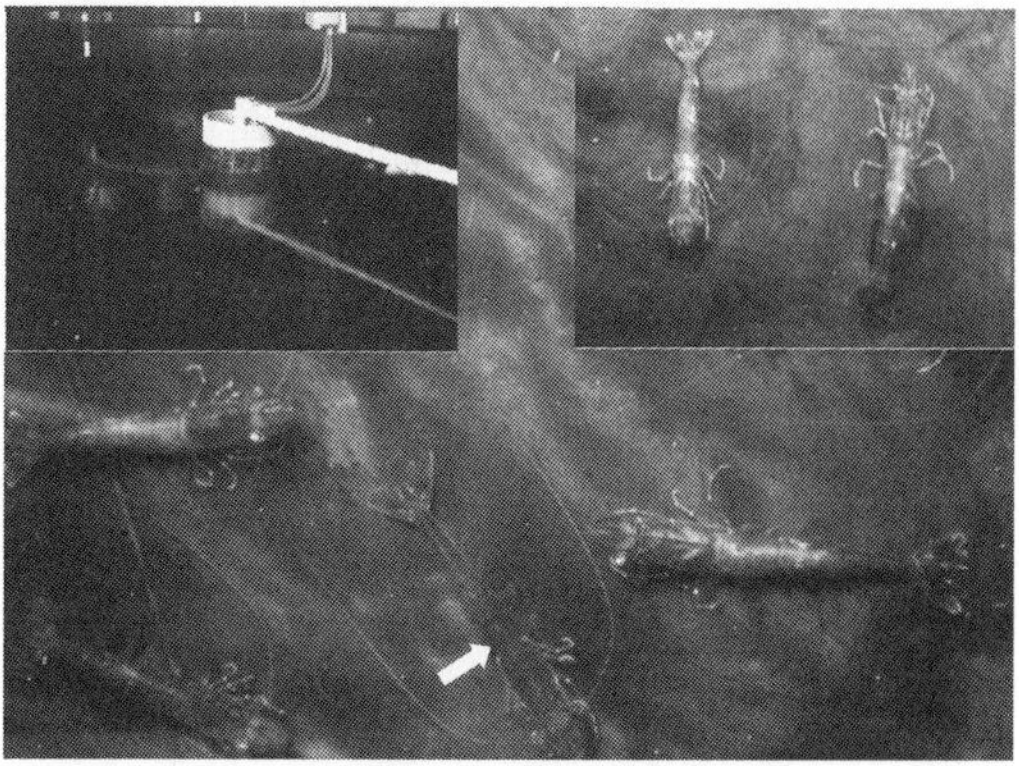

図6—3　室内の大型の水槽（左上）で交尾させるために飼育している、ホワイトシュリンプの成熟した雄エビ（下中央の矢印）と卵巣が発達した成熟雌エビ（右上）

私は、このように水槽の照明環境を変え、成熟と産卵に最適なその他の諸条件も満たしたことで、すぐに交尾を観察できる日が来ると思った。しかし、私の思いとは裏腹に、交尾を見ることができない日が、その後2ヵ月ほども続いた。そうした中で、12月24日を迎えた。その日、海洋研究所は、クリスマスイブを迎えて、普段60人ほどいるスタッフが、私と警備員を除いて、誰一人出勤してこない状況になっていた。いつものように朝から出勤していた私は、午前10時頃にホワイトシュリンプの飼育棟に入った。

いつもはホワイトシュリンプ飼育のために働いている4人の技能者の姿もさすがにクリスマスイブには見えず、棟内は静まり返っていた。私はいつもどおりの習慣で水槽中のホワイトシュリンプに目をやった。すると、半ば諦めかけていた光景が突然、私の目に飛び込んできた。水槽内では、十数尾ものホワイトシュリンプが追尾と交尾をさかんに繰り返していた。このとき、私は、ホワイトシュリンプの追尾と交尾をカメラで撮るのは、シャッター音やフラッシュがエビを驚かすに違いないと咄嗟《とっさ》に判断し、すぐにそっと研究室に行き鉛筆とノートを持って戻り、追尾と交尾のありさまを記録することにした。そして、水槽の脇で腰をかがめて頭を低くし、ホワイトシュリンプの交尾を5時間ほどかけて克明に記録した。この間ずっと中腰のままであったが、緊張と興奮のためか疲れはまったく感じなかった。中腰の姿勢で観察したのは、水槽を上から覗《のぞ》きこむとホワイトシュリンプが交尾を止めてしまうと思ったからである。

ところで、水槽で追尾と交尾を繰り返しているホワイトシュリンプの雌雄の違いをどうしてすぐに判別できるのかと、不思議に思う読者がいるかもしれない。ホワイトシュリンプの体を覆う殻はとても透明で、頭胸部から腹部にかけて背面に発達した卵巣の膨らみを見ればすぐに雌とわかり、しかも慣れれば雌の成熟度も卵巣の膨らみの程度からすぐに判別できるのである。

私が見たホワイトシュリンプの交尾は、すでに報告されていたクルマエビやウシエビの交尾とはまったく異なっていた。まず、雄が雌の背後からそっと近づき、雌の下に潜り込もうとする。すると水槽の底にいた雌が、水中を泳ぎはじめ、雄はその雌を追尾する。追尾は、時間にして数十秒、距離にして数mほど続く。雄は、そうした追尾の最中に、雌の腹部の真下にすばやく潜り込む。すると、雄は、体を180度回転させて、仰向《あおむ》けになり、胸脚を使って、雌にしっかりと抱きつく。この抱きついた瞬間の1、2秒に、雄は雌と交尾する。雄は、第5脚の

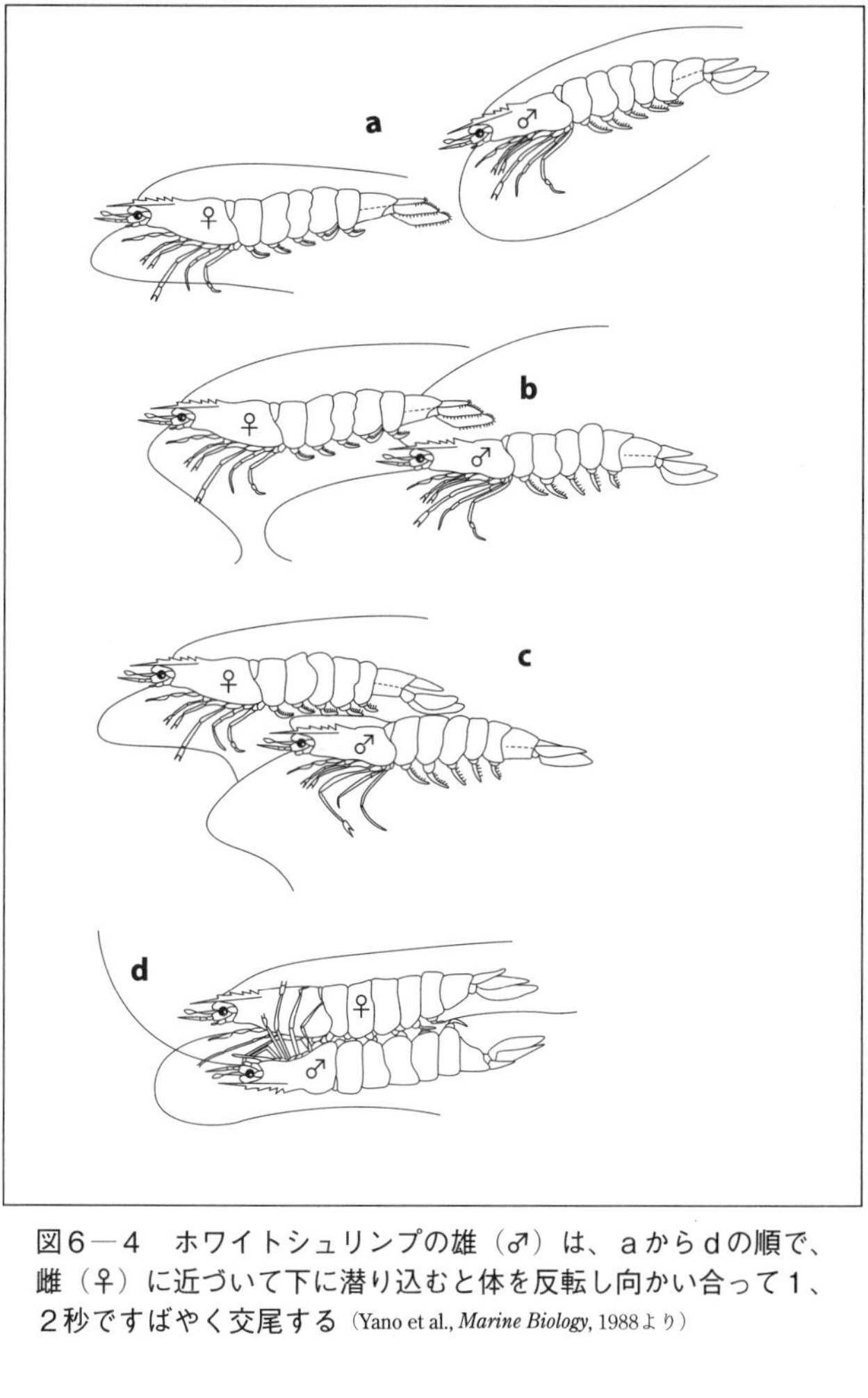

図６—４　ホワイトシュリンプの雄（♂）は、ａからｄの順で、雌（♀）に近づいて下に潜り込むと体を反転し向かい合って１、２秒ですばやく交尾する（Yano et al., *Marine Biology*, 1988より）

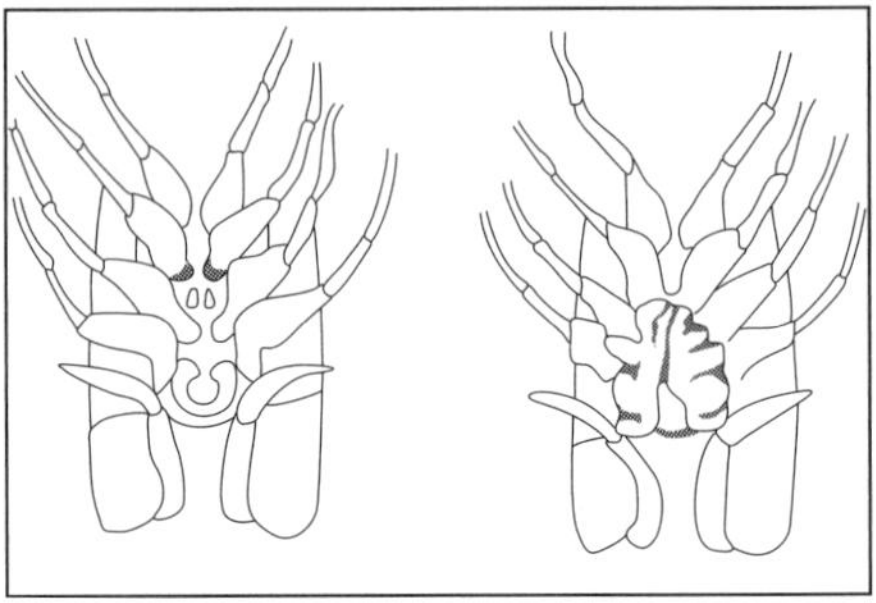

図6—5　ホワイトシュリンプの雌の交尾前の受精嚢（左）と交尾後の精包が粘着した受精嚢（右）（Yano et al., *Marine Biology*, 1988より）

基部にある輪精管から精子が詰まった精包を雌の平坦な受精嚢に向けて放出する。精包は、粘着性のある物質で覆われているため、受精嚢に直接あたると、ピタリとくっついてしまう。

このように、ホワイトシュリンプのすごいと思える交尾そのものは始まってから数秒以内に終了し、雄は精子が詰まった精包を雌の受精嚢にただくっつけるだけである。いっぽう、クルマエビは、交尾に30～60分ほどもかかるうえに、雄は、雌の受精嚢の奥深くまで精子が詰まった精包を挿入した後に、交尾栓で蓋をし、他の雄が交尾できないようにする（図2—9）。このようにエビの交尾のしぐさは、種によってまったく異なっている。

また、ホワイトシュリンプでは、雄が雌を追尾しても時々、交尾行動に移らない雌がいることもわかった。この原因は雄の交尾を誘発する性フェロモンが雌から十分に分泌されていないからではないかと思っている。雄は、1歳の雌に対しては、頻繁に追尾し、交尾するが、2歳の雌に対しては、まったく交尾しない。おそらく、2歳の雌は、性フェロモンの分泌が衰えたためではないかと考えている。

いっぽう、交尾するさいに、ドジな雄がいることもわかった。大半の雄は、交尾のさいに精包を雌の平坦な受精嚢に向けて正確に放出する。しかし、時々、雌の受精嚢からかなり外れた脇腹に向けて精包を放出してくっつけてしまうドジな雄がいる。このような場合、受精はもちろんうまくいかない。また、大半の雌雄は、頭胸部と頭胸部が向かい合う姿勢で交尾するが、追尾の勢いが過ぎて、あわててターンし、頭胸部と腹部が向かい合う、いわゆるシックス・ナインの姿勢で交尾するドジな雄もいる。この場合も受精はうまくいかない。ただ、雄は1回精包を出したら、数週間後には再び交尾でき、寿命の1年の間に何回も交尾できる。

陽気な飼育スタッフが交尾を抑制していた

それにしても、なぜホワイトシュリンプが、普段私たちにけっして見せることのなかった交尾を、クリスマスイブの日に限って見せたのか。この点が明らかになれば、望むときにホワイトシュリンプの交尾を観察することができるようになるはずだと思い、その原因をあれこれと考えた。

クリスマスイブとそれ以前の日々で、何が違っていたのであろうか。すぐに頭に浮かんだのは、普段飼育棟にいるはずの4人の技能者が、クリスマスイブには、一人としていなかったことである。技能者が飼育棟にいないと、なぜホワイトシュリンプが追尾と交尾を始めたのか。まもなくして、その理由がわかった。ホワイトシュリンプの飼育棟で働いている技能者は、4

人ともハワイで生まれ育った陽気な青年である。彼らは、ホワイトシュリンプを飼育している水槽の掃除や餌やりなどの仕事をこなしながら、いつも水槽の傍で、なにかとおしゃべりしている。また、時々、踊るようなしぐさをしながら水槽の縁を指で軽く叩いてリズムをとっている。

指で水槽を叩くと、その振動が水中にいるホワイトシュリンプに伝わって、交尾を抑制しているのかもしれない。このことを確認するために、すぐに、4人の技能者に水槽を指で叩くことを止めてもらった。話し声は水中には伝わりにくいことを知っていたが、おしゃべりも止めてもらった。また、水槽を上から覗きこむとホワイトシュリンプが、すぐに交尾を止めるに違いないと思っていたので、可能な限り水槽を上から覗かないように頼んだ。これらの禁止事項がすべて守られた後、シュリンププログラムの8人のスタッフ全員が、以前は誰も見ることのできなかったホワイトシュリンプの交尾を、望めば日中の点灯時にも観察できるようになった。クリスマスイブに、私がホワイトシュリンプの追尾と交尾を初めて観察できた最大の要因は、技能者がいないため、これらの禁止事項が自然な形で守られたことである。

私にとってクリスマスイブの贈り物と思われるホワイトシュリンプの追尾と交尾の記録は、その後実施した性フェロモン実験のデータを加えて、論文にまとめ、1988年に*Marine Biology*に掲載された。論文の中のホワイトシュリンプの追尾と交尾のしぐさをわかりやすく描いたイラストは、これまで欧米などで出版されたエビ・カニの図鑑にも載り、世界の人々がホワイトシュリンプの追尾と交尾を理解するのに役立っている。

②クルマエビの卵黄タンパク質はどこで合成されるのか

卵黄タンパク質はどこで合成されているのか

私の手に35年ほど前に撮影した一枚のカラー写真がある（口絵5参照）。一見しただけでは、何を撮影したものかよくわからない。しかし、よく見ると暗闇の中で黄色に光る丸い物体が連なるようにして円環状に並んでいるのがわかる。この写真は、長い間謎であったエビ・カニの卵黄タンパク質がどこで合成されるのかを発見する手がかりとなったものである。

エビ・カニは、鳥類や爬虫類《はちゅうるい》、両生類、魚類と同様に、受精卵が孵化するまでの胚《はい》形成や孵化した後の子の栄養分として、卵内にタンパク質や脂質、糖やミネラルなどを成分とする卵黄を貯めている。

つまり、卵黄タンパク質とは、エビ・カニにおいて、胚形成や、孵化した幼生の体成分の素材あるいはエネルギー源として欠かせないタンパク質複合体である。当初、卵黄はタンパク質や脂質、糖と結合していることがわかっていただけだったが、その後の研究によって、活性酸素の消去や免疫の活性化、それに生殖機能に重要な役割を果たすアスタキサンチンや亜鉛などとも結合していることが明らかになっている。こうした重要な役割を持つ卵黄タンパク質が、エビ・カニの体のどこで合成されているのかは、この一枚の写真を手にした頃はまだ不明であった。

実は、この写真はクルマエビの膨らみはじめたばかりの卵巣内部を撮ったもので、中央にある卵母細胞を取り囲む濾胞《ろほう》細胞が肥大し、黄色に光っているところを蛍光顕微鏡で撮影したものである。光って見えるのは、フルオレセインイソチオシアネートという色素が蛍光顕微鏡から出る紫外線によって黄色の蛍光を放っているためである。この色素は、卵黄タンパク質の抗体に標識されていることから、黄色に光っている物質が、卵黄タンパク質であることを示している。この黄色の光は、卵形成中期の脂肪球期の卵母細胞を取り囲む肥大した濾胞細胞の輪郭の部分と内部には認められるが、卵形成初期の卵母細胞を取り囲む濾胞細胞には、まったく認められない。このことは、卵黄形成を始めたばかりの卵巣において、最初に卵黄タンパク質が出現する部位は、濾胞細胞であることを示している。

なお、合成されたばかりの卵黄タンパク質は、ビテロジェニンと呼ばれ、一時的に血液中に移行し貯留される。その後、ビテロジェニンは卵母細胞に取り込まれ、卵黄顆粒として組み込まれる。取り込まれた後、性質が多少変化してビテリンと呼ばれるようになる。

卵巣中に肥大した濾胞細胞が現れると同時に、血液中にビテロジェニンが検出されることから、肥大した濾胞細胞を内部に持つ卵巣が卵黄タンパク質を合成している器官に違いないと、私はすぐに推測した。

しかし、これらの結果だけでは、クルマエビにおいて、卵巣が卵黄タンパク質の合成器官であると証明したことにはならない。これを証明するには、誰もが疑問を挟む余地のない実験を行うしかない。なぜなら、当時、他の動物で明らかになっていた卵黄タンパク質の合成器官は、鳥類、爬虫類、両生類、魚類ではいずれも肝臓であり、無脊椎動物の昆虫でも肝臓に相当する脂肪体であった。

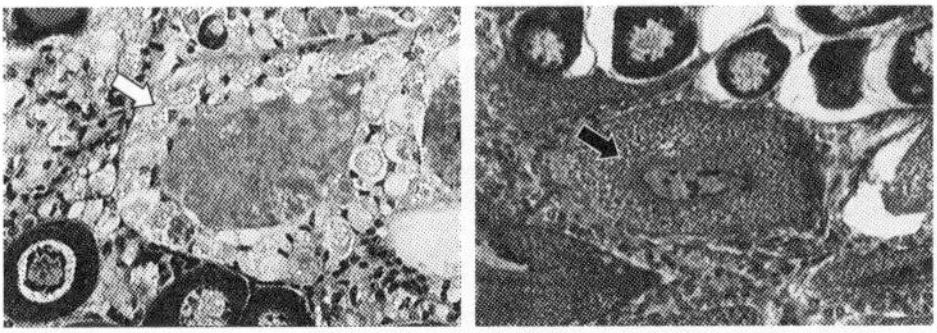

図6—6　クルマエビ卵巣中の脂肪球期の卵母細胞を取り囲む肥大した濾胞細胞（左矢印）と、卵黄顆粒期の卵母細胞に蓄積した卵黄顆粒（右矢印）

実は、先ほどの写真を私が最初に手にする以前から、すでに内外の研究者によってエビ・カニを用いた卵黄タンパク質の合成器官を解明する研究が始まっていた。これらの研究は、タンパク質を合成する小胞体の発達を電子顕微鏡を使って観察する方法、放射性同位元素の炭素同位体^{14}Cを標識したアミノ酸などを使ってタンパク質の合成の有無を調べる方法、卵黄タンパク質の抗体を使って染色し、卵黄タンパク質の存在部位を確かめる方法の3つに分かれていた。タンパク質を合成する小胞体の発達やタンパク質合成の有無を調べるのは、卵黄タンパク質がタンパク質を主成分とするためである。だが、電子顕微鏡もしくは放射性同位元素を使った場合、ある器官のタンパク質の合成の状況はわかるものの、それはあくまでタンパク質であり、卵黄タンパク質そのものを意味するわけではない。また、卵黄タンパク質の抗体を使って卵黄タンパク質が存在する器官を確かめたからといって、必ずしもその器官で卵黄タンパク質が合成されているとは限らない。このように、エビ・カニの卵黄タンパク質の合成器官を決定できる確証は、まだ誰にもなされていなかった。

卵黄タンパク質合成器官の解明に必要なもの

卵黄タンパク質の合成器官を特定するには、クルマエビを解剖して、いくつかの器官を摘出し、それらを個別に培養したうえで、放射性同位炭素の^{14}Cを標識したアミノ酸と卵黄タンパク質の抗体を併用する実験を実施するしかない。だが、私がこの実験に取り組みはじめた1985年頃は、エビ・カニの器官培養技術そのものが、ほぼ手つかずの状態に置かれていた。このために、エビ・カニの器官を培養するさいに必要な培地の作成や培養に必要な温度と時間などを調べることから始めなければならなかった。

培地の作成には、クルマエビのリンゲル液を作成するために必要な塩類組成とその濃度をまず決めることが必要であり、そのためにクルマエビ血液の浸透圧をすぐに調べた。その結果、クルマエビ血液の浸透圧は、海水の浸透圧よりも少し低いことがわかった。また、培地のpHもクルマエビ血液のpHと同じにしなければならないので調べると、クルマエビ血液のpHは7・2であることもわかった。このため、培地に一定量の炭酸水素ナトリウムを溶かした後、炭酸ガス培養装置を用いて、培地のpHが常に7・2を維持するように調整した。培地の塩分組成は、すでに明らかになっていた海産甲殻類のイチョウガニの血液の塩分組成を参考にしながら、クルマエビ血液の浸透圧と合うように微調整してリンゲル液を作成した。

培養時間が4～5時間であればアミノ酸やグルコース、ビタミンなどの栄養を含む培地は必要なく、リンゲル液のみで十分であることがわかったので、培地としてリンゲル液を使用し、培養時間は5時間にした。

培養時間を5時間と短時間にしたのには、別の理由もあった。すでに触れた卵巣だけでなく、他の動物で卵黄タンパク質の合成器官として知られている肝臓とよく似た機能を持つ肝膵臓を培養する必要もあったからである。肝膵臓は、膵臓としての機能も持つために、数多くの消化酵素が分泌されている。このため、クルマエビから摘出した肝膵臓を切断して、長時間培養した場合、消化酵素によって肝膵臓自体が消化されてしまう。これを避けるためにも、培養時間を可能な限り短くする必要があった。

クルマエビの器官を培養するさいの温度は25℃が最適である。もし、培養温度が高すぎると器官を構成する細胞の代謝速度が高まって、老廃物が急増し細胞が壊死《えし》しやすくなる。逆に温度が低すぎると、細胞の機能がほとんど停止してしまう。また、クルマエビの各器官を培養する場合、そのままでは大きすぎるので必ず小さく切断してから使用しなければならないが、幅2㎜ほどの大きさが器官培養に最も適していることもわかった。サイズが大きすぎると酸素が中まで浸透せず、器官の深部にある細胞が壊死する。逆に、サイズが小さすぎると器官としての機能が損なわれてしまうためである。

卵巣がビテロジェニンを合成していることを確認

こうしてクルマエビの器官培養を行うことができるようになったので、卵黄タンパク質の合成器官を特定する実験に取りかかった。材料として、ビテロジェニンを合成しはじめたばかりのクルマエビの雌を用いることにした。培養するのは、卵巣と肝膵臓と小腸の3つの器官にした。卵巣を選んだのは、卵巣がビテロジェニンを合成している可能性が大きいためであり、肝膵臓を選んだのはビテロジェニンを合成している可能性が残されているためであり、小腸を選んだのはそれらとの比較のためである。

これらの細片を器官別に、あらかじめ^{14}Cを標識したアミノ酸を溶かしたリンゲル液を入れたマイクロチューブ内に移し、25℃の炭酸ガス培養装置内で5時間培養した。培養後、3つの器官の組織片と培養液を別々に取り出して、組織片のリンゲル抽出液と培養液に含まれるビテロジェニンを、ビテロジェニンの抗体を使った免疫電気拡散法を用いて単離し、放射能を測定した。

使用した3つの器官は、すでにビテロジェニンを合成しはじめているクルマエビから摘出されたものであることから、培養した後の組織片には培養以前にすでにあったビテロジェニンも含まれている。しかし、培養中に新しく造られたビテロジェニンには、^{14}Cをラベルしたアミノ酸が必ず取り込まれているはずである。そこで、もし培養した3つの器官のいずれかからのビテロジェニンに放射能が検出されたら、その器官がビテロジェニンを合成していることになる。

測定の結果、卵巣片と卵巣培養液からは、ビテロジェニンだけでなく、ビテロジェニンを構成する2つのポリペプチドにも高い放射能が検出された。しかし肝膵臓と小腸は、組織片からも培養液からもビテロジェニンは検出されなかった。

以上の実験によって、クルマエビの卵黄タンパク質の合成器官は卵巣であることが明らかになった。

この研究成果は、すぐに *Comparative Biochemistry and Physiology* に投稿したが、いつもの厳しい査読もなく、半年後の1987年の第86巻に掲載された。論文のタイトルは、"**Ovary is the Site of Vitellogenin Synthesis in Kuruma Prawn, *Penaeus japonicus***" で、翻訳すると「クルマエビにおいて卵巣はビテロジェニンの合成場所である」となる。

この後の2年間は私にとって、かつて経験したことがないほどに胸が騒ぐ時間であった。この論文が、鳥類や爬虫類、両生類、魚類そして昆虫の卵黄タンパク質の合成器官は肝臓もしくはその相同器官であるというそれまでの常識を覆すものであったことから、否定する研究者がいないとも限らないという心配であった。しかし、私の研究成果に反論はなく、むしろ研究成果を肯定するテキサスA&M大学の研究者スーザン・ランキンたちの論文が *Invertebrate*

Reproduction & Development の第15巻に掲載されたのは、発表から2年ほど経った1989年のことである。彼女は、私の論文の内容を、クルマエビの近縁種ホワイトシュリンプ（リトペナエウス・ヴァンナメイ）を使って慎重に検証した結果、ビテロジェニンの合成器官は間違いなく卵巣であったと記載してくれていた。この後も、私の研究成果を否定する論文が出ることはなく、アメリカンロブスターやブルークラブ、クマエビ、アメリカザリガニなど別のエビ・カニでも、ビテロジェニンの合成器官が卵巣であることが確認され、今では周知の事実となっている。

卵黄タンパク質を合成する細胞と刺激するホルモン

しかし、これで卵黄タンパク質合成にかかわる疑問がすべて解決されたわけではない。卵母細胞を取り囲む濾胞細胞が収縮した後も、血リンパ中のビテロジェニンは増大し続けるのだが、それはなぜかという疑問がまだ残っている。卵巣において濾胞細胞以外の細胞も卵黄タンパク質を合成しているのかもしれない。それで、卵巣において卵黄タンパク質が存在する場所を私の研究室の大学院生の杉浦道明《すぎうらみちあき》君と一緒にもう一度詳しく調べることにした。卵黄タンパク質の抗体に金の粒子を結合させて染色した卵巣片を電子顕微鏡で観察すれば、金粒子が見つかった場所にビテロジェニンが存在することになる。金粒子を使うのは、金が電子を強くはねかえすことからその存在が明確にわかるためである。

こうした方法で、卵黄形成が始まったばかりの卵巣を調べると、卵母細胞を取り囲む肥大した濾胞細胞の粗面小胞体上に多数の金粒子があるのがわかった。粗面小胞体とは、タンパク質を合成するリボゾームを備えた細胞の小器官である。この電子顕微鏡を用いた観察によって、あらためて、肥大した濾胞細胞がビテロジェニンを合成していることを再確認した。次に卵黄形成が進んだ卵巣を調べると、卵母細胞の粗面小胞体には多数の金粒子が存在するが、濾胞細胞の粗面小胞体上には金粒子が認められないことが判明した。

これらは、濾胞細胞だけでなく、卵母細胞自体もビテロジェニンを合成していることを示している。これらの一連の研究成果によって、クルマエビのビテロジェニンは、卵黄形成が始まったばかりのときは、濾胞細胞で合成され、卵黄形成が進むと卵母細胞で合成されていることが明らかになった。

クルマエビにおいて卵黄タンパク質を合成する器官が卵巣であると解明できたことで、これまで不明な部分が多かった卵黄タンパク質の合成を調節するホルモンの解明も進むことになった。これまでは、労力と時間をかけてクルマエビを大型水槽で飼育し、さまざまなホルモンを注射して、卵黄形成に効果があるかどうかを判定していた。しかし、これからは卵黄タンパク質を合成する卵巣を培養すればよいのである。つまり、未成熟な卵巣片を培養した培地に各種のホルモンあるいは各器官・組織の抽出液を添加した後、ビテロジェニンの合成あるいはビテロジェニンの合成に関与する脂肪球期卵母細胞を確認すれば、添加したホルモンや各器官・組

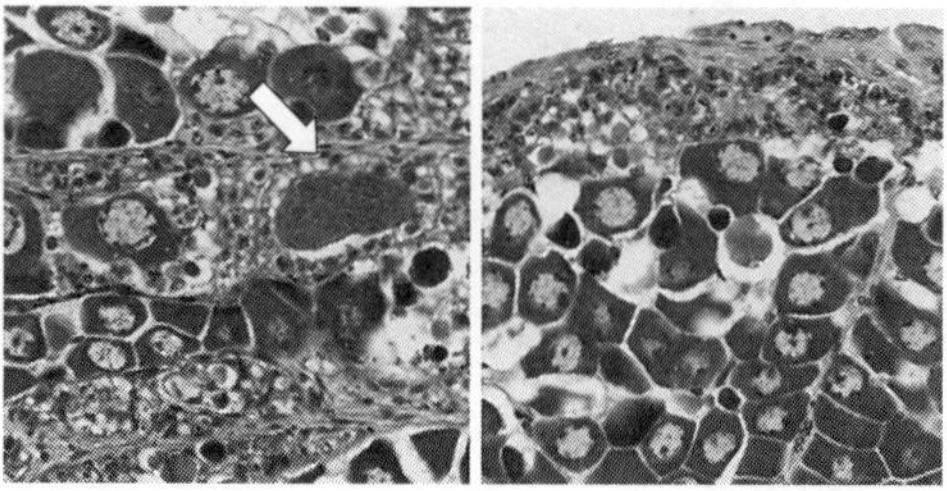

図6―7　未成熟な雌クルマエビの卵巣片を、17β-エストラジオールが添加された培養液で、無菌下3日間培養したときに認められた脂肪球期卵母細胞（左矢印）の光学顕微鏡写真。右の17β-エストラジオールを添加していない培養液では、ビテロジェニンの合成に関与する脂肪球期卵母細胞は認められない（Yano & Hoshino, 2006より）

織の抽出液が卵黄タンパク質の合成を刺激しているかどうか判定できるようになる。さらに、クルマエビから摘出した脳や胸部神経節などの組織片も卵巣片と一緒に培養すると、卵巣と他の組織・器官との関係も明らかになる。

　こうした新しい手法をもとにしてさまざまな実験を行った結果、クルマエビの卵黄タンパク質合成を直接あるいは間接的に刺激するホルモンは、大きく分けて3種類に区別されることが判明した。まず、春から秋にかけて光周期の明期が13時間以上になり、水温が18℃以上に上昇すると、脳から神経伝達物質として働くセロトニンが分泌される。次に、このセロトニンが中枢神経系の胸部神経節を刺激すると、神経分泌細胞からタンパク質ホルモンである卵黄形成刺激ホルモンが分泌される。さらに、この卵黄形成刺激ホルモンが卵巣に働いて、ステロイドホルモンである17β-エストラジオールが分泌される。この17β-エストラジオールが、最終的に卵巣内の肥大した濾胞細胞や卵母細胞に働き、卵黄タンパク質合成を刺激していることが明らかになった。

第7章　赤い色を隠すエビ・カニたち

エビもカニも茹でると真っ赤になる。これはエビ・カニに含まれているアスタキサンチンという色素のためだが、生きているときのエビ・カニの体色は、必ずしも赤くはない。なぜ赤くないのに茹でると赤くなるのだろうか。また、そもそもなぜエビ・カニはアスタキサンチンを持っているのだろうか。本章では、このアスタキサンチンの役割について話をしよう。

目立つ赤い色は危険な色である

私たちは、生きたエビ・カニは、加熱するとたちまち赤い体色に変わってしまうことを知っている。だが、多くのエビ・カニの体色は、生きているときは淡褐色や青褐色、緑褐色、茶褐色、黒褐色といった、どちらかと言えば地味な色である。実は、海や河川など、魚などが棲む水中の世界では、エビ・カニにとって赤は危険に満ちた色である。水中の世界、特に多くのエビ・カニたちが棲む砂泥や岩礁、転石などから構成された海底や川底は、地味な色で彩られている。エビ・カニたちの体色が目立つ赤だと、たちまちのうちに外敵の魚などから見つけられ、捕食されてしまうことになる。

後述するように、浅海に棲む多くのエビ・カニたちは、体を覆う外骨格やその直下の色素細胞に、体色のもとになる赤い色素のアスタキサンチンを持っている。しかし、多くのエビ・カニの体色は赤くなく地味で目立たない色である（口絵3参照）。エビ・カニたちは、外敵の魚などから、この危険な赤い色を隠すためになんらかの術を身につけたに違いない。

ところで、エビ・カニを捕食する魚は、赤い色を本当に赤として識別しているのだろうか。この点については、1920年代の前半に行われた学習実験によって、魚の色識別力は、私たち人間とほとんど変わらないことが早くからわかっていた。また、視細胞がある網膜に電極を刺して、活動電位を調べると、魚の眼は、400～800nmの波長の範囲にある紫、青、緑青、青緑、緑、黄緑、黄、橙、赤、紫赤の光すべてに反応する。このように、魚は、赤い色を赤として識別していることがわかっている。

また、カニを好んで捕食するタコも、魚と同様に、赤い色を赤として識別しているのだろうか。タコの眼の網膜には、高い密度で視細胞があり、光を感じとっている。マダコの網膜にある光に反応する視物質は、2つあり、それぞれ青の光の波長475nmと緑青の光の波長490nmに吸収極大を持つことが明らかにされていた。しかし、その後に研究された同じ頭足類のホタルイカでは、470nm、484nm、500nmの波長の光に吸収極大を持つ3種の視物質が発見されていることから、おそらく、タコの網膜にも3つの視物質があると思われる。また、タコは、皮膚にも光に反応する光覚器を持っている。その光覚器に存在する視物質は、青色の光の波長である460nmに吸収極大を持っている。これらのデータを見る限り、タコは、赤い色から反射される620〜780nmの波長の光を網膜や皮膚の光覚器で認識できず、赤い色を赤として識別していないと思われる。したがって、エビ・カニの体色の赤色は、少なくともタコに対しては、危険に満ちた色ではない。

いっぽう、エビ・カニ自身は、赤い色を赤として識別しているのだろうか。27種類のカニの視細胞は、473〜515nmの範囲すなわち青から緑に反応することを示した。これらのデータを見ると、多くのエビ・カニは、赤い色から反射される620〜780nmの波長の赤い光を視細胞で認識できず、赤い色を赤として識別していないように思える。エビ・カニにとって赤色は、少なくとも、同種あるいは他種のエビ・カニに対しては、危険に満ちた色ではない。

以上の事実は、エビ・カニの体色が赤い場合に危険なのは、魚に対してであることを示している。

赤い光が散乱する40m以浅の海

ところで、底の浅い河川は別にして、多くのエビ・カニたちが棲息する深さ数百mあるいはそれ以上の深海の海底でも、エビ・カニが赤い色をしていれば、魚はそれを赤として識別することができるのだろうか。魚が赤い光として識別できるのは、620〜780㎚の領域の長波長の光であるが、実は、この長波長の光は、水に吸収されやすいという特徴を持っている。海で実際に測定したデータによれば、赤い波長の光は、20〜40mの水深に到達するまでにほぼ吸収されてしまうことがわかっている。

吸収される水深に幅があるのは、水中に差し込む光の強さと海水の透明度が海域によって異なるためである。いずれにしても、このことは、赤い波長の光が到達する20〜40mの深さに常に棲むか、あるいはときにその深さに移動してくるエビ・カニたちにとっては、体色がもし赤であれば、間違いなく、魚によって赤色として識別されてしまうことを意味している。

ところで、この章の冒頭で「多くの生きたエビ・カニたちの体色は、地味で目立たない」と、わざわざ「多くの」と限定して書いたのには実は意味がある。例外があって、ある特定の場所に棲むエビ・カニたちの中には少数だが、赤い波長の光が到達する浅い海で派手で目立つ赤色を体色にしたものがいる。特定の場所とは、サンゴ礁である。

サンゴ礁に棲むハワイアンロブスターやオトヒメエビ、スザクサラサエビ、サンゴガニなどの体色は、鮮やかな赤色をしている。サンゴ礁に棲息するエビ・カニたちの多くが目立つ赤い体色をしていても魚などから捕食されないのには理由がある。サンゴ礁は赤、紫、黄、青、緑などの派手な色彩に彩られていることから、そこに棲むエビ・カニたちの体色がたとえ赤であっても、むしろ周囲に溶け込み、身を隠すための保護色となっているのである。

私は、学会や国際会議、技術指導などで日本だけでなく世界の各地に行くことが多いが、その折に好きな水中ダイビングをすることがある。その中で最も印象に残っているのは沖縄のサンゴ礁で、その赤色を含めた色とりどりの鮮やかな色彩の世界は、今も目を閉じると浮かんでくる。

いっぽうで、深海は赤い光の波長がまったく届かない漆黒の暗闇に包まれた世界であり、そこに棲むエビ・カニたちの体色はなぜか赤色が多い。これは、水深が40mより深くなると赤い波長の光は届かなくなることから、たとえ赤くても外敵の魚には赤く見えなくなり、危険な色でなくなるためと思われる。事実、深海に棲息するヒオドシエビやサクラエビ、ホッコクアカエビ、ベニズワイガニの体色は赤である。インド洋の深海400〜450mの水深に棲む小エビ（アリステウス・アルコッキ）や2000mの深海の熱水が噴出する噴出孔に棲む小エビ（リミカリス・エクソクラタ）も、ほぼ全身が赤い。

冬を代表する海の幸として、ズワイガニとベニズワイガニが知られている。これら2種のカニは、いずれも赤い光の波長がまったく届かない暗黒の深海に棲息するにもかかわらず、体色を比べてみると、なぜかズワイガニは淡褐色で、ベニズワイガニはその名が示すとおり紅色（朱色）である（口絵2参照）。実は、ベニズワイガニは、深さ500〜2700mの暗黒の深海に常時棲んでいる。これに比べて、ズワイガニも普段は水深200〜600mの海底に棲むが、季節や場所においては脱皮や交尾などのために水深4〜20mの浅所にまで移動することが明らかにされている（104頁）。水深4〜20mの浅所には赤い波長の光が到達するので、ズワイガニは目立つアスタキサンチンの赤色を隠すために、その体色を淡褐色にしていると考えられる。

体色を変えるクルマエビ

ところで、浅いところに棲むエビ・カニも深いところに棲むエビ・カニも、体色発現のもとなる数種類のカロテノイド色素を持っていて、その中でも赤い色素のアスタキサンチンが86〜98％と高い割合を占めている。しかし、このアスタキサンチンが存在する体表の場所は、エビ・カニの種類によって大きく異なっている。厚くて硬い外骨格で体表を覆ったアメリカンロブスターやイセエビ、ザリガニそれにガザミなどでは、アスタキサンチンは、外骨格の中に存在する。詳しく言えば、外骨格の表層に近い外クチクラに沈着している。

これに対して、薄くてやや硬い外骨格で体表を覆ったクルマエビは、外骨格の中でなく、外骨格の直下にある色素細胞の中に色素顆粒としてアスタキサンチンが存在する（図1―13）。したがって、クルマエビの体表の縞模様を構成する暗褐色や青灰色は、外骨格そのものの色ではない。クルマエビの外骨格は、ほぼ無色透明で、私たちは、透明な外骨格を通して、色素細胞の中にある顆粒の色つまりアスタキサンチンなどのカロテノイドの色を体色としてすかし見ていることになる。クルマエビでは殻をはずすと、殻は無色で身に色がついていることがわかる。

長年、さまざまな実験に使用するためにクルマエビを飼育していると、水槽の底の色彩や色調によって体色がすぐに変わることを幾度となく経験している。例えば、黒色のポリエチレン水槽で飼うとクルマエビの体色は、やや黒みがかった色調に変わり、明るい水色の水槽で飼育すると明るい色調に変わる。これは、クルマエビが水槽の底の色彩や色調の変化を感じ、それが眼を通して、脳に伝わり、さらに脳から眼柄に伝わってサイナス腺から色素細胞の拡散や収縮を調整するホルモンが分泌されるためである。

このことに関係する1つのエピソードを紹介したい。現在、クルマエビは、日本では、奄美や沖縄で主に陸上の池で養殖されているが、養殖を始めたばかりの頃、ある大きな問題が奄美や沖縄で起きた。一般に、クルマエビの養殖には、クルマエビが砂に潜る習性を持つため、広大な陸上池の底に砂を少なくとも20～30㎝の厚さに敷かなければならない。そこで、奄美や沖縄の人々は、身近な海辺にある真っ白なサンゴ砂を使った。ところが、半年ほど苦労して養殖したクルマエビを航空便で大阪や東京の市場に送っても一向に値がつかないという問題が起きた。奄美や沖縄で養殖したクルマエビの体色は白っぽく色もぼんやりとしていて、九州から本州の沿岸に棲む美しく鮮やかな体色のクルマエビとは大きく違っていたためである。調べると真っ白なサンゴ砂に原因があることがわかって、九州などからやや黒みがかった砂を大量に手に入れ、それまで使っていた真っ白いサンゴ砂と交換することによって、やっとこの問題も解決した。これは、奄美や沖縄の海には、もともとクルマエビがまったく棲息していないことから飼育する機会がなく、クルマエビが棲む底の砂の色彩や色調の変化によって体色が変わるという事実を、奄美や沖縄の人々が知らなかったため、起きた問題だと思われる。

タンパク質との結合によってアスタキサンチンの赤い色を隠す

浅海に棲むアメリカンロブスターやクルマエビなどのアスタキサンチンが、タンパク質と結合していることが、数多くの研究者によって明らかにされている。

その物理化学的性状が明らかになりはじめたのは1960年代に入ってからで、ヨーロッパの沿岸に棲息するヨーロピアンロブスター（ホマルス・ガンマルス）や米国東部のアメリカンロブスターなどの殻から、アスタキサンチンとタンパク質との結合体であるクラスタシアニンが取り出され、さまざまな研究がなされた。その結果、クラスタシアニンは、アポタンパク質のサブユニットとアスタキサンチンが結合した複合体であることが判明した。その後、クラスタシアニンは結晶化され三次元構造が解明された。この三次元構造から、赤い色素であるアスタキサンチンは、一見するとまるでアポタンパク質のサブユニットによって覆い隠されているように見える。

しかし、アスタキサンチンが、結合体のアポタンパク質のサブユニットで取り囲まれているから、本来の赤い色が隠されて見えなくなり、アメリカンロブスターの殻の色が青色などになっているわけではない。このことに関して、2008年に、英国マンチェスター大学のジョージ・ブリトンとジョン・ヘリウェルが大変興味深い研究報告をしている。ロブスターの青色をしたα－クラスタシアニンの最大吸収スペクトルは、分光光度計を使って計測するとアスタキサンチンの472nmから長波長側の632nmに移動することを明らかにした。アスタキサンチンがタンパク質と結合すると最大吸収スペクトルが長波長側に移動するということの事実は、アスタキサンチンがタンパク質と結合すると、長波長の赤い光が吸収されてしまい、その結果、魚の眼に長波長の赤い光が入ってこず、魚はアスタキサンチンとタンパク質との結合体を赤色として認識できなくなるしくみとなっていることを示している。α－クラスタシアニンが青く見えるのは、波長の短い青い光は吸収されず魚や人の眼に青い光が入ってくるためである。

おそらく、赤い光が到達できる浅い海に棲むエビ・カニたちは、気の遠くなるような長い進化の過程で、外敵の魚に認識されないように、タンパク質と結合させることによって、アスタキサンチンの危険な赤色を隠す術を身につけることができたのであろう。

茹でると赤くなるのはなぜか

ところで、私たちは、淡褐色や青褐色、緑褐色、茶褐色、黒褐色などの体色をした生きたエビ・カニを調理するために加熱すると、たちまち赤い体色に変わってしまうことを知っている。読者の中には、この現象を不思議に思った人もいるかもしれない。おそらく、加熱によってタンパク質とアスタキサンチンの結合体そのものに熱変性が起きて、アスタキサンチンが結合体から脱離する。その結果、最大吸収スペクトルが本来のアスタキサンチンの472nmになり、長波長の赤い光は吸収されることなくそのまま反射され、それが私たちの眼に入って、網膜で赤色として識別することになるためである。

それにしても、エビ・カニたちは、なぜこのようなすごいと思える複雑なしくみを作ってまで、目立つ危険な赤い色をしたアスタキサンチンをあえて体色の色素として持つに至ったのか。その答えは、この後述べることにしよう。

アスタキサンチンの体内での役割を調べる

1993年に、院生の西田《にしだ》卓史《たかし》君が、クルマエビの卵黄タンパク質ビテリンの複合体1mgにカロテノイドが0・35μg含まれていることを明らかにしてくれた。卵黄タンパク質ビテリンの複合体は、卵巣の卵母細胞に卵黄顆粒として蓄積されて、孵化したノープリウス幼生の栄養やエネルギー源となる物質である。カロテノイドとは、赤色や赤黄色などのエビ・カニの体色のもとになる色素の総称である。エビ・カニに含まれるカロテノイドにはアスタキサンチンやβ-カロテン、ゼアキサンチンなどがある。

この結果は、孵化したクルマエビのノープリウス幼生が最初に摂取する物質としてタンパク質とともにカロテノイドが必要なことを意味している。私は、すぐにこのカロテノイドの主成分はアスタキサンチンであると推測した。なぜなら、エビ・カニの内臓や筋肉などにもカロテノイドが存在し、その多くがアスタキサンチンで、その他のβ-カロテンやゼアキサンチンなどは少ないことがすでに明らかにされていたからである。

こうした事実の積み重ねから、アスタキサンチンをはじめとするカロテノイドがエビ・カニにおいて体色発現以外のなんらかの重要な役割を担っていると考え、2つの実験を実施してもらった。最初の1つは、研究室の菅原和宏《すがはらかずひろ》君が行ってくれた実験で、体重5gほどのモクズガニの幼ガニ12尾を、アスタキサンチンを多く含む藻類のドゥナリエラの粉末を添加した配合飼料のみを与えたもの、β-カロテンを多く含む同じく藻類のヘマトコッカスの粉末を添加した配合飼料のみを与えたもの、ドゥナリエラ粉末もヘマトコッカス粉末も添加していない配合飼料を与えたものの3つのグループに分けて、それぞれ個別飼育した。60日間飼育した後、3つのグループの幼ガニはいずれも順調に脱皮を繰り返して成長し、生残率はいずれも100%であった。脱皮した幼ガニの抜け殻の甲羅（甲皮）を加熱しその色彩と色調を比較した結果、アスタキサンチンを多く含むドゥナリエラ粉末を添加した配合飼料を与えた甲羅と、β-カロテンを多く含むヘマトコッカス粉末を添加した配合飼料を与えた甲羅は、いずれも赤く発色し、甲羅の色調の度合いに顕著な違いは認められなかった。加熱によって甲羅が赤くなることは、外骨格にアスタキサンチンが含まれていることを意味している。いっぽう、アスタキサンチンを含むドゥナリエラ粉末もβ-カロテンを含むヘマトコッカス粉末も添加していない配合飼料を与えた場合は、甲羅は加熱後赤く発色しなかった。したがって、この実験によって、カニにおいては、配合飼料を通して口から取り込まれたβ-カロテンとアスタキサンチンは、そのままかあるいは形を変えて最終的に外骨格にまで達し、アスタキサンチンになっていることが判明した。この結果、カニの外骨格に含まれ、体色の素になっているアスタキサンチンは、摂取する餌に依存していて、カニ自身が体内で生合成していないことが明らかになった。これまでエビ・カニの体内では、β-カロテンがアスタキサンチンに転換することがわかっている。

次に行った実験は、福永《ふくなが》陽《よう》一《いち》君が実施してくれた。クルマエビの成エビから血液を採取し、β-カロテンを適量添加したものとアスタキサンチンを適量添加したもの、それに等量の蒸留水のみを添加したものの3つに分けて、25℃で3時間培養した。

それぞれの血液のフェノール酸化酵素の活性値を測定し、その値を比較した結果、フェノール酸化酵素の活性値は、蒸留水のみに比べて、アスタキサンチンを添加したときとβ-カロテンを添加したときが高いことが明らかになった。また、アスタキサンチンを添加したときとβ-カロテンを添加したときの、それぞれのフェノール酸化酵素の活性値には差がないこともわかった。

体色の発現にだけでなく、免疫システムの活性化にも働くアスタキサンチン

血液のフェノール酸化酵素の活性を測定したのは、エビ・カニにおいては血液中に大顆粒血

球と小顆粒血球が存在し、それらが分泌するフェノール酸化酵素が免疫システムの1つであるメラニンの合成に重要な役割を果たしているからである。

陸上で生活するために太陽光の影響を強く受けている脊椎動物の多くは、メラニンを、細胞の遺伝子を傷つける紫外線の防除に利用している。しかし、エビ・カニの多くは、紫外線の影響をほとんど受けない海底や川底に棲息するため、メラニンを紫外線防除のためには使っていない。そのかわり、エビ・カニは、メラニンをタンパク質と結合させて硬くし、傷口を塞ぐのに利用している。さらに、病原体のウイルスや細菌などの異物を包囲し、隔離するのにも利用している。

これらの事実と、前述した二人の学生が行った実験から、エビ・カニにおいては、β-カロテンやアスタキサンチンなどのカロテノイドは体色発現の素になっているが、それだけでなく、エビ・カニが傷を負った場合に傷口を塞ぐとともに、病原体のウイルスや細菌などの異物を包囲し、隔離するのにも利用しているメラニンの生合成にかかわるフェノール酸化酵素を活性化させる機能も併せ持つことが明らかになった。

最初に述べたクルマエビの卵黄タンパク質ビテリンの複合体にカロテノイドが含まれているのも、卵黄しか利用できないノープリウス幼生にとっては、体色発現のためというよりもウイルスや細菌から身を守るために必要な免疫システムを活性化させるためのものであろう。

ところで、私たちは、水槽で飼育しているエビ・カニの免疫システムが正常に機能しているかどうかを容易に見分けることができる。エビ・カニを水槽で飼育すると、体を覆う外皮に大小の傷ができるのは避けがたい。この傷口を注意して見て、もし傷口が黒褐色の物質で塞がれていたら、それがメラニンであり、免疫システムは正常に機能していることになる（口絵6参照）。しかし、傷口が黒褐色の物質で塞がれていなかったら、免疫システムは正常に機能していないことになる。免疫システムが正常に機能していないのは、飼育の仕方や与える餌の質などに問題があるためで、早急にそれらの改善に取り組まねばならない。

ヒトと異なる免疫システム

脊椎動物は、体内に侵入するウイルスや細菌が持つ抗原に対し抗体を造るが、エビ・カニはこのような抗体は造らない。そのかわりエビ・カニは、真菌などの細胞壁にあるβ-1，3-グルカンやペプチドグルカン、キチンそれに生きたバクテリアやバクテリア由来抗原などを認識する。つまり、エビ・カニは、真菌などの細菌の侵入をグルカンやキチンなどの細菌由来物質を通して認識していることがわかっている。

そこで、吉川《よしかわ》知《ち》沙《さ》さんにクルマエビの血球の数を調べてもらった。先に述べたように、エビ・カニの血液中には、大顆粒血球と小顆粒血球、無顆粒血球が存在する。血リンパ1立方ミリメートル中の総血球数は約3万8000個で、そのうち大顆粒血球と小顆粒血球を合わせた数が約3万1000個、無顆粒血球が約7000個と、血球の大半は大顆粒血球と小顆粒血球

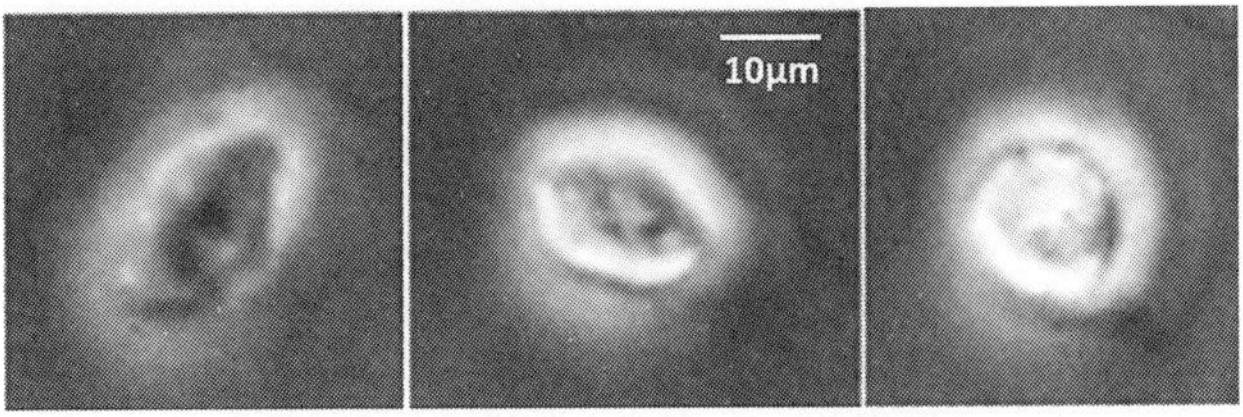

図7―1　クルマエビの免疫システムに働く大顆粒血球（左）、小顆粒血球（中央）と無顆粒血球（右）の位相差顕微鏡写真

が占めていることがわかった。

さらに、彼女は、水槽で飼育したクルマエビの成エビに、ビタミンCの誘導体を添加した配合飼料と添加していない配合飼料をそれぞれ与え、20日間飼育した。その結果、ビタミンCを添加していない配合飼料を与えたクルマエビに比べて、ビタミンCを与えたクルマエビは、血液中の無顆粒血球の数や大顆粒血球と小顆粒血球を合わせた数がそれぞれ増大することを明らかにした。この結果は、ビタミンCの投与が、クルマエビの血リンパにある血球の数を増大させる、つまり免疫システムの強化に役立つことを示している。また、エビ・カニの免疫システムを活性化する物質の解明にも、血球の数を測定することが簡便な方法として有効であることが明らかになった。

クルマエビの血液中の3種の血球のうち、大顆粒血球と小顆粒血球は、前述したようにメラニンの合成にかかわるフェノール酸化酵素を分泌するという重要な役割を持っている。残りの無顆粒血球は、クルマエビの血液の中でどのような役割を果たしているのだろうか。この点について、前田《まえだ》英博《ひでひろ》君がクルマエビの無顆粒血球を使って調

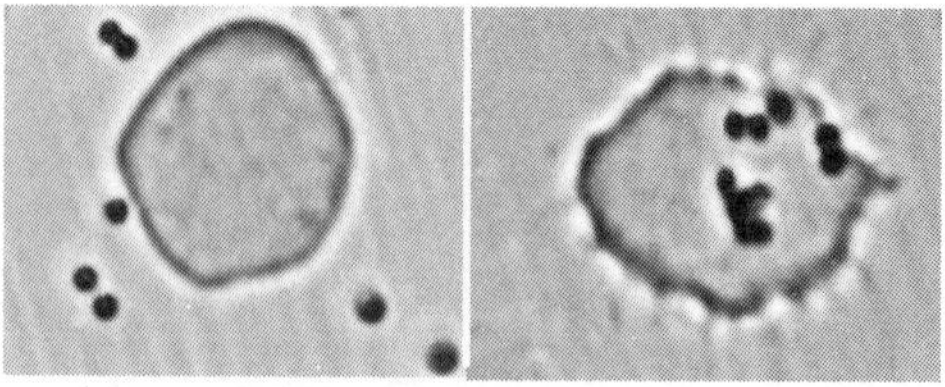

図7―2　細菌の代用として用いたラテックスビーズ（約1μm）を取り込む前（左）と取り込んだ後（右）の、クルマエビの無顆粒血球の位相差顕微鏡写真

べてくれた。クルマエビの成体から血液を採取し、高分子ラテックスビーズを添加して、血球への取り込みを調べた。使用したラテックスビーズの大きさは1㎛ほどで、細菌の代用として用いた。

3種の血球のうち、ラテックスビーズを血球内に取り込んだのは、無顆粒血球のみで、大顆粒血球と小顆粒血球はラテックスビーズを取り込む様子はまったく認められなかった。無顆粒血球からは、まず小さな突起が伸び、その突起がラテックスビーズに触れている様子が見える。その後、突起はさらに伸び、ラテックスビーズ全体を取り囲むようにして血球中に取り込む、いわゆる貪食《どんしょく》作用が観察できた。このように、クルマエビの無顆粒血球は、血液中に侵入した細菌などの異物を貪食作用によって血球内に取り込み、分解・消化する役割を担っている。

エビは「夏バテ」していたのか

ところで、私の研究室では、前述した院生と学生たちに加えて、赤《あか》間《ま》齊子《さいこ》さんや吉川知沙さんとともに、フェノール酸化酵素活性値や、クルマエビの血球を使ったラテックスビーズの取り込み率などを調べてきたが、実は、この折に温度の影響もあわせて調べてきた。これまでのすべての結果を総合すると、クルマエビの血液のフェノール酸化酵素活性値や無顆粒血球のラテックスビーズの取り込み率は、クルマエビの適温25℃を境にして、30℃では高くなるが、逆に20℃に下がると低くなることが判明している。つまり、5℃ほどの水温低下によってクルマエビの免疫システムは、顕著に低下することが明らかになった。

この事実は、極めて重要なことを意味している。日本では、クルマエビを養殖している多くの陸上池では、夏の30℃に近い高温時には死亡することは少ないが、秋になり水温が低下しはじめるとビブリオ菌の感染で死亡する個体が増えてくることが知られている。なぜ、秋に水温が低下しはじめるとビブリオ菌の感染で死亡する個体が増えてくるのか、原因が不明であったため、夏バテの影響が秋に来たのではないかと、冗談交じりに話す人もいた。しかし、研究成果から判断すると、秋に水温が20℃ほどまで低下しはじめると、クルマエビの免疫システムが顕著に低下する。そのため、秋には擦れなどによって発生した小さな傷もメラニンによって十分に塞ぐことができず、血液内に侵入したビブリオ菌が無顆粒血球の貪食作用によって減少せず死に至ると考えられる。

また、ホワイトシュリンプ（リトペナエウス・ヴァンナメイ）は、パナマを境にして、大西洋側と太平洋側の陸上池でそれぞれ養殖した場合、同じように養殖しているにもかかわらず、大西洋側の陸上池のほうが、いつも死亡する個体が多いという事実がある。太平洋側の養殖池の水温を計測すると28～30℃ほどであるが、大西洋側の養殖池は、それよりも2、3℃低いことはわかっていたが、死亡する個体がなぜ大西洋側の養殖池に多いのかは理由がわからなかった。おそらく秋になって水温が下がり死亡する個体が増えるクルマエビの場合と同じで、大西洋の養殖池で養殖されているホワイトシュリンプの免疫システムが2、3℃低い水温で低下し、疾病で死亡する個体が増えたためと考えられる。

クルマエビやホワイトシュリンプのように、5℃あるいは2～3℃ほどでも水温が下がれば免疫システムが低下するという事実は、体温を一定に維持することができる恒温動物と違って、変温動物のエビ・カニは、絶えず自らが棲む環境の水温変化によって、免疫システムが変動する宿命を抱えていることを示している。

摂取した自然の餌にはカロテノイドが含まれている

水深2000mの深海底で、化学合成細菌を食べて生活する小エビ（リミカリス・エクソクラタ）は、全身が鮮やかなアスタキサンチンの赤い色素で包まれている。2000年に、フランスのモンペリエ大学の研究者ジュヌヴリエール・ネグレ＝サダルガスたちは、この小エビが体内に保有するアスタキサンチンは、幼エビの時期は体重100gあたりおよそ32㎎であるが、成長すると8㎎に減少することを明らかにしている。小エビのアスタキサンチンは、摂餌した化学合成細菌のカロテノイドを素材として、小エビ自らが合成したものである。暗黒の深海に棲息するこの小エビが幼エビの時期に、より多くのアスタキサンチンを合成し保有するのは、体色発現のためというよりも、幼エビの時期にアスタキサンチンを利用して細菌などから身を守る免疫システムを増強するためであろう。

この小エビのように、エビ・カニの多くは、摂餌によって口から入るカロテノイドを素材にして、体内でアスタキサンチンを合成している。もちろん、餌にアスタキサンチンそのものが含まれていたときは、そのまま利用する。エビ・カニは、海や川において、多毛類や線虫類などの微小動物から小型の甲殻類や貝類、魚類、それに動植物プランクトンの死骸に微生物が付着したデトリタス、さらには藻類などを摂餌している。これらの餌には、アスタキサンチンそのものやその素材となるカロテノイドが含まれている。海や川において、微生物や植物プランクトンが合成したカロテノイドは、食物連鎖によってエビ・カニが餌とする小動物に移行する。また、微生物や植物プランクトンが合成したカロテノイドは、デトリタスにも移行する。このように、エビ・カニは、自然界では餌を摂れば、自然な形でアスタキサンチンもしくはその素材となるカロテノイドを摂取できるようになっている。

おそらく、太古から続く気の遠くなるような長い進化の過程で、エビ・カニは、餌を通して体内に入ってくるβ-カロテンやアスタキサンチンなどのカロテノイドを蓄積し、体色発現のもととし、保護色にして身を守るのに利用したり、あるいは細菌やウイルスから身を守るための免疫システムを活性化させる素材としても利用してきた。そのことによって、外敵から食害されることも少なく、かつ病死することも減って繁栄した。それが現生のエビ・カニがアスタキサンチンなどのカロテノイドを多く持つことに反映されているのではないかと、私は思っている。

第8章　私が愛したエビ・カニたち

磯や干潟や川辺に棲息するエビ・カニは、私たちがそこに行けばその行動やしぐさを観察することができる。また、水中深くにいるエビ・カニは、スキューバダイビングか潜水艇で潜ればその行動やしぐさを見ることもできる。しかし、どちらも限られた時間の観察しかできないことから、エビ・カニの種類によっては出会うチャンスも少なく、観察する人の運にも左右される。

どうすればエビ・カニの行動やしぐさをつぶさに観察することができるのだろうか。それは、エビ・カニを長期間にわたって飼育することである。現在では、大小の水槽でクルマエビ、ホワイトシュリンプ、イセエビ、アメリカンロブスター、ズワイガニ、タカアシガニ、ケガニ、ガザミ、ノコギリガザミやモクズガニなど数多くのエビ・カニを長期にわたって飼育することができる。さらに、成体だけでなく、孵化したばかりの幼生も飼育することができる。

さらに、エビ・カニを外敵のいない水槽で長期飼育すれば、日中の観察も可能になる。また、長期飼育すれば摂餌や脱皮はもちろんのこと、暗闇で行われるために通常は見ることが難しい求愛や交尾や産卵さえも観察することができるようになる。

なぜ、自然では難しい観察が、長期飼育すると可能になるのだろうか。もちろん、長期飼育するといつでもエビ・カニを近くで観察できるようになる。しかし、それだけでなく、エビ・カニが優れた認識能力と学習能力を持っていて、長期飼育の下で自らを襲う外敵がいないことを認識すると、たちまち安全だと学習し、多少明るくても平気で動き回り、めったに見ることができないような不思議な行動やしぐさを見せてくれるためである。

①不思議なしぐさをするモクズガニ

大型水槽を使ったモクズガニの飼育

ここからは私が研究・観察してきた中で印象深かったモクズガニのしぐさを紹介しよう。

私はモクズガニを、大学のキャンパスから少し離れた臨海研究センターで、ポリエチレン水槽を使って飼育していた。この水槽は不透明で、側面からの観察は無理である。しかも、各水槽には数十尾から数百尾の大小のモクズガニが飼育されているため、水槽の底には、共食いを防ぐための塩ビ管の輪切りが置かれている。モクズガニは、日中はこの中に隠れていてめったに姿を見せない。通常の飼育ではモクズガニの姿を見なくてもなんら支障はないが、行動やしぐさをつぶさに観察するには不向きである。

そこで、私は、大学でデスクワークに使っている部屋の入口近くに透明なプラスチック製の水槽を置き、稚ガニ、幼ガニ、若ガニをそれぞれ1年から2年ほど長期飼育した。モクズガニの観察はのべ3年半にわたって行った。

使用した水槽の大きさは、幅90㎝、奥行45㎝、高さ50㎝で、観察しやすいように1mほどの高さの架台の上に置いた。また、モクズガニが餌をよく食べ、脱皮もし、動きも活発になるように、水槽の水温を年間を通して25℃に調整した。餌は、モクズガニの栄養要求を満たした手製の配合飼料を、土日を除く毎日、朝、昼、夕方の3回適正量を投与した。この配合飼料は2〜5㎜の大きさの淡褐色のペレットで、自然の餌とは形状や色彩が異なるが、初めて投与したときでも、モクズガニはすぐに食べた。この理由は、カニは餌を探すときは、形状や色彩だけでなく、匂いと味で餌かどうかを識別しているためである。

隠れているカニを追い出そうとする稚ガニ

この水槽は、私が普段座ってデータのとりまとめなどの仕事に使う机から5mほど離れたところに置いていたため、私はバードウォッチング用の高性能な双眼鏡を使って、しぐさを観察することにした。少し離れた場所から観察したためか、水槽で飼育されているモクズガニは、輪切りにした塩ビ管の中や流木の破片の下などの隠れ場から頻繁に出てきたので、私はモクズ

図8—1　水槽の中に置かれた輪切りにした塩ビ管の中に隠れているモクズガニの稚ガニ（作図・矢野明子）

ガニの行動としぐさを手に取るように見ることができた。

メガロッパ幼生から脱皮・変態した直後のモクズガニの1齢の稚ガニは、互いが出会っても争うことはまったくないが、脱皮して少しばかり大きくなると絡み合って争いをするようになる。しかし、この争いは、互いが深く傷つくまでは続かず、わずか数秒とごく短い時間で終わる。稚ガニは、こうした争いを何度か繰り返した後は、出会ってもどちらともなく争いを避け、横歩きで去っていく。そして、時折、出会ったときに、どちらかいっぽうの稚ガニが左右の歩脚をバタつかせて10㎝ほどの高さにまで上昇し数秒ほど水中に浮いて、相手をやり過ごす。

この時期の稚ガニの中に、塩ビ管の中に隠れている仲間のカニを、塩ビ管を回転させて追い出そうとしていたカニがいた。このカニは、背伸びしながら立ち、左右のハサミ脚を使って内径が１・３㎝の塩ビ管を器用に転がしていた。このカニは最初、塩ビ管の中に入ろうとしたが、すでに中には他のカニがいたため失敗し、そのあげくこうした行動をとったのである。このカニは、管を回しても中にいるカニがなかなか出てこないので、何度か管を転がしていたが、しばらくして諦めたのか、ゆっくりと横歩きで去っていった。

争わずすぐに逃げる稚ガニ

稚ガニは、何度か脱皮して幼ガニに成長すると、しだいに各個体のサイズがばらついてくる。そうすると、体のサイズの大きいほうが小さいほうを追い、小さいほうは争うこともせず早足で横歩きしながら逃げるようになる。その後、モクズガニは、若ガニ、成ガニと成長するが、その間も同種の他個体と出会っても絡み合って争うことをしない。

１齢の稚ガニ20尾を幼ガニになるまでの期間、別々の水槽で個別飼育した後、一緒にしてみても絡み合った争いは認められなかった。このことは、モクズガニの争いを避ける習性は、稚ガニの一時期の争いによる学習ではないことを示唆している。モクズガニの争いを避ける習性は、太古から続く進化の過程で備わった習性ではないかと私は考えている。おそらく、モクズガニの祖先のカニが太古の地球上に現れた時点では、絡み合って争いをする個体と争いをしない個体の両方がいたに違いない。争いをする個体は、殻が傷つき斃《へい》死《し》する機会が多くなることから、淘汰《とうた》されたに違いない。

実は、モクズガニの体表を覆う殻はある深刻な事情を抱えている。殻は厚いが、石灰化の度合いが低いため、もし、取っ組み合いの争いをして殻が傷つくと、剝き出しになったキチンを水中にいるキチン分解細菌が分解し、たちまちのうちに溶かしてしまう。キチンが溶かされると、体内にまで通じる微小な穴ができ、この穴から、水中にいるビブリオ菌などの細菌が体内に侵入することになる。通常、モクズガニは、免疫システムを使ってこのような小さな穴をメラニンですぐに塞いで、体内へ細菌が侵入するのを防いでいる。しかし、モクズガニが同種の他個体と出会うたびに激しく争えば、傷が増えるだけでなく、傷口もさらに深く大きくなる。こうなると、メラニンで傷口を塞ぐことも難しくなり、細菌が体内に侵入する。もちろん、モクズガニは体内に侵入した細菌を死滅させる免疫システムも持っている。だが、激しく争えば傷も増え、侵入する細菌の数も多くなり、モクズガニは抗しきれずやがて衰弱して死ぬことになる。また、モクズガニはハサミ脚や歩脚が傷ついた場合、自切して根元から切り離して身を守ることもできる。だが、その他の部位は自切ができないため致命的な傷となる。

そのため、太古の祖先のカニの中で、絡み合って争いをしない個体は、傷つき斃死することも少ないため数も増えたに違いない。現生のモクズガニの争いを避ける習性は、こうしたことを反映して備わったのでないかと考えている。いっぽうで、現生のモクズガニが稚ガニの一時期だけ、出会ったときに絡み合って争いをするのは、太古の祖先のカニの中にいた、絡み合って争いをする個体の習性が、現生のモクズガニにもわずかだが残っている証しではないかと考えている。

折檻される小ガニ

餌を与えたとき、大きなカニは餌を独り占めにしようとして、自分より体が小さいカニをすぐに追い払う。いっぽう、小さいほうのカニは、大きなカニが近づいてくると争うこともなくすぐに逃げてしまう。また、大きなカニも小さなカニを深追いするようなことはけっしてしない。

大きなカニが餌を独り占めするのを避けるため、私は、モクズガニに餌を与えるときはいつも、1ヵ所でなく、できるだけ離れた複数の場所に撒《ま》いていた。このように餌の与え方を工夫すれば、小さなカニたちも餌にありつける。

そんなある日のこと、いつものようにしぐさを観察していたときに起きたことである。甲羅の横幅が3㎝ほどの大きなカニが与えた餌を摂っているときに、何を思ったのか甲羅の横幅が1㎝ほどの小さなカニが大きなカニのすぐ傍まで来て餌を横取りしようとした。その瞬間、大きなカニがいきなりハサミを使ってこの小さなカニを捕まえ、抱え込んでしまった。小さなカニは逃げようと必死に脚をバタつかせていたが、抗《あらが》う術《すべ》もなく抱え込まれていた。私は、この小さなカニがハサミ脚か歩脚の何本かをもぎ取られてしまうのでないかと見ていた。

図8—2　餌を横取りしようとして大きなカニに捕まった小ガニ
（作図・矢野明子）

ところが、数分経った後、この大きなカニは思いがけない行動を示した。小さなカニを傷つけることなく放したのである。放された小さなカニは、あわてたように早足で横歩きしながら逃げ、やがて流木の破片の下に隠れてしまった。このとき、逃げていく小さなカニは、間違いなくハサミ脚と歩脚の一本もとられておらず、無事な姿をしていた。

この様子は、サルの社会で見られる、子ザルがボスザルの餌を横取りしようとしたときに起きるボスザルの折檻《せっかん》行動によく似ている。知能の発達したサルでこのようなことが認められるのは、少しも不思議なことではないが、世間の人の多くが下等な生き物として見下しているカニで、このような、まるで折檻をしているとしか言いようのない行為が認められることを、私たちはどのように理解すればよいのだろうか。

ハサミを失うとひたすら逃げる

普段モクズガニは横歩きで歩いていて同種の他個体に出会うと、稚ガニの一時期を除けば、けっして争うこともなく、必ず一方が早足で横歩きしながら逃げていく。逃げるほうの個体は、いつも体が小さいほうと決まっている。このように、モクズガニの優位性は体のサイズで決まっている。ここで言う体のサイズとは、私の目から見たモクズガニの甲羅のサイズである。

しかし、モクズガニにとっては、出会った相手の甲羅は、見ればすぐにその全体像がわかるが、両眼が甲羅の前方にあること、眼球の背面には複眼が配置されていないことから、肝心な自分の甲羅は一部しか見ることができないはずである。では、モクズガニは体のどの部位を基準にして自分と他個体とのサイズの違いを一瞬にして察知しているのだろうか。もしかしたら自分の体の中で最も容易に見ることのできる部位つまりハサミの大きさを、自分と他個体の大きさの違いを知る基準にしているのだろうか。

こうしたことをあれこれと考えながらモクズガニのしぐさを観察していたある日のこと、他の個体に比べて体がひとまわりも大きい、甲羅の横幅が3・5㎝ほどもあるモクズガニが、どうしたわけか右側のハサミを失っていた。ハサミは一部が欠けているのではなく、根元からなくなっていた。おそらく、何かの原因で右側のハサミの一部が傷ついたので、自切したと思われる。このカニは、ハサミを失う前は、自分より体のサイズが小さい同種の他個体に出会うと、いつも相手を追っていた。そして相手は争うこともなくすぐに逃げていた。

しかし、このカニが片側のハサミを失ったときに示した行動は、以前の行動とはまったく違っていた。この片側のハサミを失ったカニは、自分よりもはるかに小さい相手と出会ったときに、いつものように追いかけるのではなく、逆に早足で横歩きしながら逃げたのである。まさに、このカニは、自分がハサミを失ったことがわかり、今は自らを逃げるほうの立場だと認識していると考えざるを得ない行動に出たのである。

このカニは、その後しばらくの間、他のカニに出会うと、すぐに逃げる行動を繰り返していた。しかし、その後脱皮して、失った右側のハサミを回復させた。すると右側のハサミを再び取り戻したこのカニは、今度は自分が相手よりも優位にいると認識したのか、自分より小さなカニに出会うと、逃げるどころかいつものように追いかけるようになった。このことは、カニが同種の他個体よりも優位に立っているかどうかはハサミの大きさで判断していること、それも左右揃って持っていることが重要で、もしどちらかを失えば、いくら残った片方のハサミが相手よりもはるかに大きくても、たちまち優位さを失うことを意味している。

モクズガニがこのような行動をとるのは、前述したように、もし絡み合って争いをすれば、どちらかの個体のキチンから構成された外骨格がすぐに傷つき、しだいに弱って斃死するかもしれないという事態を避けるためなのであろう。そのため、モクズガニは、常により強い個体が優先して餌を摂ることができるという自然界の摂理に率先して従い、ハサミの大きさで序列をつけているのだろう。

しかし、私から見れば、ハサミを失ったモクズガニが同種の自分より小さい個体と出会ったときに示した行動や、再びハサミを回復したときのまったく相反する行動は、まさにお調子者という言い回しがぴったりである。

遊びが大好きなモクズガニ

片側のハサミを回復した大きなカニが、再び他のカニを追いかけるようになってから、しばらく経った頃、このモクズガニは、私が水槽の脇にある洗面台で手を洗うために日に何度か水槽の前を横切っても、私に慣れたせいか逃げることもせず普段と変わらない動きをしていた。そんなある日のこと、私は、このカニから20㎝ほど離れた水槽の壁面に右手を近づけて、人差し指と中指の2本の指を上下に振ってみた。そうすると、このカニは何を思ったのかゆっくりと横歩きしながら指の傍まで寄ってきた。私が、カニの近くで2本の指を振ってみたのは、何か深い考えがあってのことでなく、子どもの頃によくしたジャンケンのハサミを意味するチョキをしてみただけである。

私の目から見て、間違いなくこのカニは私の指の動きに反応している。そう思って、翌日か

図8―3　指を振るとモクズガニの若ガニは水槽の壁面に体をもたれるようにして、ハサミで体を支え逆立ちする（作図・矢野明子）

ら、このカニの近くで2本の指を振り、カニが示すしぐさをさらに観察することにした。その後、1ヵ月ほど私がこのカニの前で、2本の指を振り続けていると、指のすぐ傍まで寄って来るだけでなく、水槽の壁面に体をもたれるようにして第5歩脚だけで背伸びするようにして立ちながら、腹節をぴったりと水槽の壁面にくっつけ、両方のハサミを高く振りかざすしぐさもするようになった。こうしたしぐさをしているときは、普段の行動やしぐさではけっして見せることのないふんどし（腹節）を、私のほうに向けている。カニは、背面の甲羅が非常に硬くなっているのに対し、ふんどしがある腹側の甲皮はそれほど硬くないため防御にとって弱点となっていて、交尾のときを除いて相手にけっしてふんどしを見せない。

さらに、指を振り続けていると、このカニは水槽の壁面に体をもたれるようにして、ハサミで体を支え逆立ちするようになった。その後も、このカニは、私が指を振るといつも指の傍まできて、背伸びして立ったり逆立ちしたりするしぐさを繰り返していた。

また、このカニは、小さな流木の破片の下に穴を掘っていて、時々その中に入っている。あるとき、この穴に、カニがいつもより長い時間入っていてなかなか出てこないので、私はこのカニの反応を見たくて、水槽の壁面を指のこぶしを使ってコンコンと軽く叩いてみた。そうすると、このカニは何が起きたのかとその穴から這い出てきて、私の指を見つけて、すぐに傍まで寄って来ていつものしぐさをした。

普段、このカニが、指の動きに反応してハサミを振りながら背伸びして立ったり逆立ちしたりするしぐさをするのは、1回が長くても30分間ほどで、その後は指をいくら振っても反応せずゆっくりと横歩きしながら去っていく。ただ、数時間ほど経った後に、再び指を振ると、また傍に寄って来て同じしぐさを繰り返す。

なぜ、2本の指を振るたびに、このカニは背伸びして立ったり逆立ちしたりするしぐさを何度も繰り返すのだろうか。私は、このカニが背伸びして立ったり逆立ちしたりするしぐさは、単に餌を欲しがるしぐさではなく、遊びのしぐさだと考えている。なぜなら、私が2本の指を振るのは、いつも餌を十分に与えた後で、このカニがそれほど腹をすかせているとは思えないからである。日頃、餌を十分に与えた後の2、3時間は、モクズガニは餌にがっつくような動きはとらない。さらに、水槽の壁面に体をもたれさせて背伸びして立ったり逆立ちしたりするのは、餌を欲しがるにしてはオーバーなしぐさである。

以前、私は、生殖のしくみを調べるために、体重1kgのアメリカンロブスターを1年間飼育したことがある。このアメリカンロブスターは、最初の頃はなんのしぐさも示さなかったが、半年ほど飼育した頃に、普段餌を与えている私が水槽の傍に立つと左右のハサミを高く振り上げるようになった。しかし、その後も、それ以外のしぐさをすることはけっしてなく、いつもただハサミを振り上げていた。アメリカンロブスターが示したこのしぐさは、餌を欲しがるしぐさだと私は考えている。

私は、3年半にわたって、のべ60尾ほどの大小のモクズガニを身近な場所に置いた水槽で繰り返し飼育したが、指を振ると背伸びして立ったり逆立ちしたりするしぐさを示したのは、このカニだけである。このカニがこうしたしぐさをした理由をあえて想像すると、このカニは、相手が欲しかったのではないかと思っている。なぜなら、このカニがこうしたしぐさをした頃は、水槽ですでに1年ほども長く生きていて（最終的に2年ほど生きた）、このカニ以外はすべて死んでしまい、追い回す相手すらいない状態になっていたからである。

おそらく、このカニは私を、餌をもらえる飼い主というだけでなく、自分と仲良く遊ぶ、気を許した仲間と思っていたに違いない。

水草を根こそぎ切ったのは怒ったすえの腹いせか

このモクズガニは、あるとき、とんでもないことをしてくれた。私が、甲殻類の学会で研究報告をするためにオランダのアムステルダムに10日間ほど出張した後、帰って水槽を見ると、植えていた水草の3分の2ほどが根本から切られ、茎と葉が水面全体を覆うようにして浮いていた。その数は、茎の数にして30本ほどにもなる。水草は3種類で、茎の太さはまちまちだが、大きく成長したものでは優に2〜3㎜はある。もちろん、これくらいの太さだったら、このカニは大きなハサミで切断することができる。

この水草は、水槽をできる限り自然に近い状態にしたいと思い、景観も考慮して丁寧に植えたものである。水草は、糞・尿や残餌から出るアンモニア態窒素や硝酸態窒素、リン、カリウムなどを栄養源とするので、植えると水質浄化にもなる。また、昼間は光合成で酸素も出す。こうした機能を持つ大切な水草が、根本からバッサリと切られていた。犯人は、水槽にただ1尾残っている、大きなハサミを持ち、指を振ると背伸びして立ったり、ハサミで逆立ちしたりするしぐさをするカニである。

それから2ヵ月ほどして再び7日間ほどの海外出張のために餌を与えなかったときにも、前回の出張で切られずに残っていた水草が、ほとんどが根本からバッサリと切られてしまった。こうしたことが2度も続くと、このモクズガニは確信犯である。普段、私は月曜日から金曜日までは、このカニに朝と昼と夕方の3回モクズガニ専用の配合飼料のペレットを与えていた。

図8―4　水槽に植えたたくさんの水草をモクズガニが腹いせに切っている（作図・矢野明子）

土曜日と日曜日の2日間は餌を与えていなかったが、このカニが水草を根本から切ったことは一度もなかった。このカニが水草を2度も切ったのは、1週間かそれ以上も餌を与えなかったことに対して、怒って腹いせにやったことに違いないと私は思っている。なぜなら、食べもしない水草をごっそりと根本から切るのは、腹いせ以外に考えられないからである。

この後しばらくの間、私はモクズガニの行為に腹を立てていたが、冷静に考えてみるとモクズガニが水槽に植えた水草をごっそり切ったのは、餌を7～10日間も与えなかった私への抗議に違いないと受け取り、少し反省して以後海外出張をするときは餌不足が起きないように、自動給餌機を水槽に取り付けるようにした。

感情を持つカニ

前述したように、モクズガニが折檻したことや水草をごっそりと2度も根本から切ったこと、指を振ると背伸びして立ったりハサミで逆立ちしたりする、すごいと思えるしぐさをすることを、どのように理解すればよいのだろうか。

世間の人の多くは、動物は、原生動物から脊椎動物まで直線的に進化したと思っているようである。その結果、エビ・カニのような動物は、人間から見れば、まったく取るに足りない下等な動物の1つにすぎず、なんの感情も持たずにただ生きているだけの動物にすぎないと思われているようである。

しかし、カニが属する節足動物については、脊椎動物の祖先と途中までは同じ道を歩んで進化していたが、腔腸《こうちょう》動物のあたりから分かれて、脊椎動物とはまったく違った進化をして一方の頂点にまで達した動物であるという説がある。私は、カニがただ生きていくために餌を摂り、子孫を残すために生殖を営むだけの生き物ではないと考えている。なかでも、生活場所を海から川に果敢に移したモクズガニは、同種の他個体と調和を持って生き、ときには遊んだり、怒ったり、折檻する感情も十分に持ち合わせていると思っている。進化の一方の頂点にまで達したという考えもある節足動物に属するカニの中に、モクズガニのように、なんらかの感情を持ち合わせているものがいたとしても、なんら不思議なことではないのだ。

②死んだふりをするクルマエビ

死んだふりをするエビがなぜ発見されなかったのか

クルマエビが死んだふりをすることとは、これまでまったく知られていなかったが、私は何度か人に話してきた。そうするとまず10人中10人が笑いながら「うそっ」と言う。なぜうそと思うのかと訊《き》き返すと、エビにそんな高等なまねができるはずがないという答えが返ってくる。死んだふりは、賢い人間が熊に出会ったときにするもので、知能の低いエビにできるはずがないとはなから思っている。そこで私も、ついむきになって、エビ・カニの知能は発達していて、ときには人間以上に賢い行動をとると言い返す。そこで相手は、おかしなことを言うヤッだとますます疑いの眼で私を見る。そうした事情もあって、近頃はこの話はめったにしない。しかし、読者には、ぜひありのままのエビ・カニを知ってほしいので、気を取り直して書くことにした。

私は、クルマエビを水槽で飼育していた。クルマエビは明るい日中は、砂に潜り身を隠す習性を持っている。そのため、通常、クルマエビの水槽は、エビが潜るための細かな砂を10〜20cmほどの厚さに敷き詰めている。しかし、水槽に砂を敷き詰めた場合、日中その姿が見られないだけでなく、糞や餌の残りが砂の中に溜まるため、しだいに底質が悪化し、その影響がクルマエビにも及んでくる。また、日中にエビを水槽からサンプリングしたいと思っても、砂の中に潜っているため、大型の飼育水槽を使用しているときは探し出すのがひと苦労である。

そこで私は、クルマエビを、砂を敷き詰めていない水槽で飼育してみた。ところが予想もしていなかった問題が発生した。水槽の底には砂がないにもかかわらず、クルマエビが砂に潜るときと同じように、腹肢を激しく動かしはじめたのである。水槽の底に砂が敷き詰められているときは、クルマエビは、腹肢を前後に激しく動かして、砂を掻きながら前進し体を沈めていく。そして、最後に眼だけを出した状態で潜砂を停止する。潜砂にかかる時間は、わずか15秒ほどである。しかし、水槽の底に砂がないと当然ながらいつまでも潜れず、特に明るい昼間は、クルマエビは腹肢を激しく動かし続けている。こうした状態が10日ほど続いた後、クルマエビが死にはじめ、1ヵ月後には、すべてが死んでしまった。砂がない状態で腹肢を激しく動かし続けると、水槽の底に腹肢の先端が当たり擦り傷ができる。この傷は、水中にいるキチン分解細菌によってさらに深くなる。死亡した原因は、この深くなった傷口から侵入したビブリオ菌などの細菌が、体内で増殖したためである。

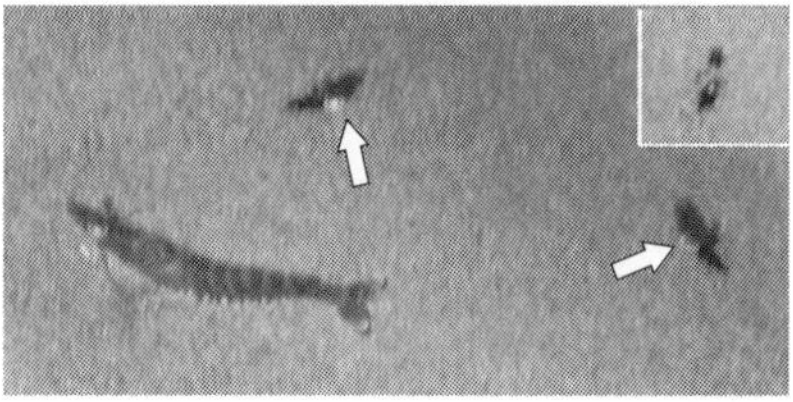

図8―5　底に砂を敷いた水槽にクルマエビを収容するとすぐに潜砂し（矢印）、最終的に両眼のみを砂から出す（右上）

そこで、底に砂を敷き詰めなくても腹肢が傷つかない飼育法をあれこれ試してみた。その結果、横からの刺激を避けるために厚みのある不透明なビニール製の水槽を用意し、水槽の上部を不透明なビニールシートですっぽり覆って上からの刺激を断てば、底にたとえ砂が敷き詰められていなくてもクルマエビは、腹肢を激しく動かさず、擦り傷によって死ぬこともないことがわかった。また、クルマエビの成長や成熟には、水槽内部に光周期と照度を調整するための照明が必要だが、外部からの刺激を断っていれば、エビの動きがはっきりわかる照度200ルクスほどの明るさ（室内のテーブル下の明るさにやや近い）の昼白色の電球を点灯していても、エビは落ちついて腹肢を激しく動かさないこともわかった。

体を横に倒してくの字に曲げるしぐさは死んだふり

こうして、砂を敷き詰めていない大型の円形水槽にクルマエビを収容し、生殖のしくみを調べるためにさまざまな飼育実験を行っていた。そんなある日、私はいつものようにクルマエビの様子を見ようと、水槽に被《かぶ》せたビニールシートの端を5㎝ほどそっと持ち上げ、中を覗いた。時刻は午前10時頃で、水槽内は、昼白色の電球で照らされているにもかかわらず、クルマエビは落ちついてじっとしたままで、腹肢を激しく動かしている様子もない。続けて見ていると中にいるクルマエビの数尾が、私が覗いていることを察知したのか、それまでじっとしていたのにゆっくりと歩脚を使って底を這いはじめた。水槽の海水は、濾過されているため透明度が高く澄み切っている。そのため、クルマエビからも私が覗きこむ様子がすぐにわかり、危険を感

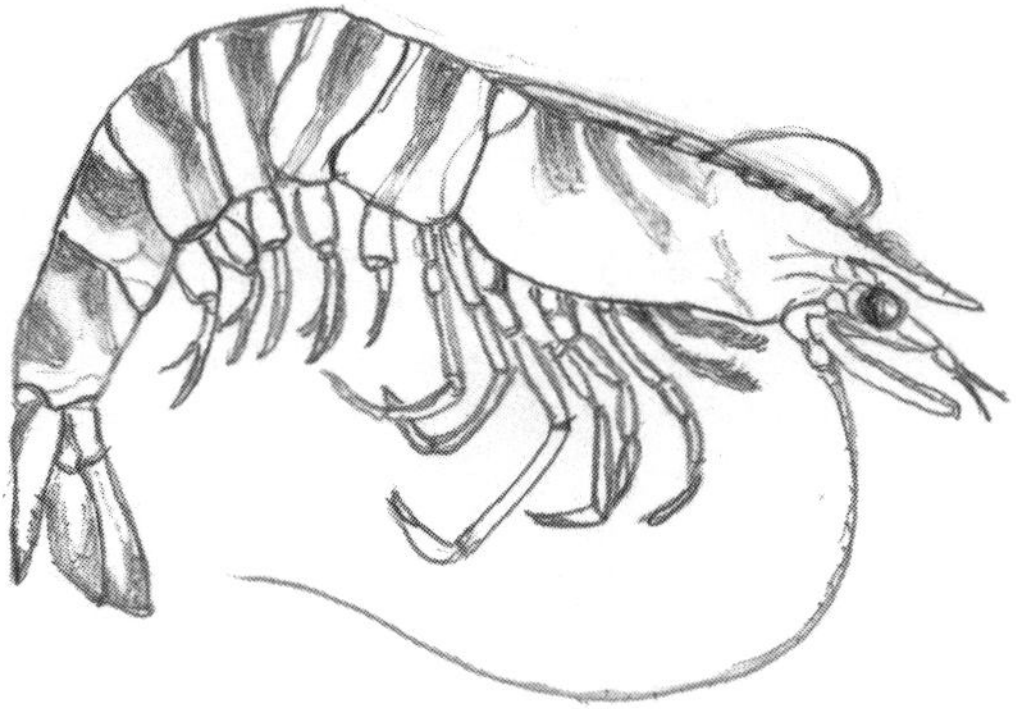

図8―6　クルマエビは尾部を内側にやや丸め込むようにして横になったまま動かず死んだふりをするが、しばらくすると起き上がって、体をほぼ水平にして動きはじめる（作図・矢野明子）

じたのであろう。ゆっくりと底を這っていたクルマエビの中の1尾が突然、横に倒れて体を「く」の字の形に曲げ、動きを止めてしまった。それこそピクリとも動かない。これを見て、私は、クルマエビが死んだふり？　と咄嗟に思ったが、突然死した可能性も否定できないことから、そのいずれであるかを確かめることにした。私は、すぐに水槽の蓋のビニールシートを元の状態に戻し、1時間ほどしてから再びビニールシートの端をそっと持ち上げ、水槽のクルマエビの様子を見たが、体を横たえた個体は1尾もいない。先ほどの横に倒れて体をくの字に曲げたクルマエビは、すでに立ち上がっていて、普段と同じ姿勢に戻っていることがはっきりした。

　この後、クルマエビが横に倒れて体をくの字に曲げるしぐさを再確認するために、観察を1年ほど繰り返した。この間、クルマエビもすべて新しいものと何度か取り替えてみた。その結果、クルマエビがこのしぐさをするのは、あくまで私が水槽に被せたビニールシートの端を少し持ち上げ、中を覗いたときだけで、単なる光や振動などの物理的刺激に対しては、こうしたしぐさをしないことがわかった。つまり、横に倒れて体をくの字に曲げるしぐさは、クルマエビとは違う生物（この場合は人間）が近くにいることを察知したとき、つまり他の生物による刺激があったときにのみ起きている。また、このしぐさをするクルマエビは、平均すると15%ほどであり、すべてのエビがそうしたしぐさをするわけではないことも明らかになった。

私は、クルマエビが横に倒れて体をくの字に曲げるしぐさをするのは、動きを止めて死んだふりをするためと考えている。なぜなら、クルマエビが死を装って動きを止めると、エビを好んで捕食する魚の目に止まる機会が減るためである。エビを捕食する魚の眼は、人間と違って魚体の頭側部に付いている。このような頭側部に付いた眼では1つのものを両眼で見ることができる両眼視野が狭くなり、それぞれの眼が重なり合わない像を見る単眼視野が広くなることがわかっている。単眼視野領域では、レンズの遠近調節機能も欠如しているので、遠距離にある物体の形状をはっきり識別することが難しくなるが、動く物体は見つけることができる。つまり、魚の眼は、動く物体に対してよく反応するが、動きを止めた物体には反応しにくいという特徴を持っている。

死んだふりは太古のなごりか

しかし、クルマエビが死んだふりをするのが魚から逃れる手段として有効なのは理解できたとしても、死んだふりをするしぐさがなぜ一部の個体にしか認められないのかという疑問が残る。しかも、クルマエビは、100尾のうち100尾が明るい日中は砂に潜って身を隠している。そうした習性を持つクルマエビは、わざわざ死んだふりをしなくても、自然界では魚などの捕食者から逃れることができる。また、砂を敷き詰めていない水槽で死んだふりをしたクルマエビを、砂を敷き詰めた水槽に移すとすぐに潜って身を隠してしまう。

クルマエビの祖先は、2億8500万年前の三畳紀から約2億3500万年前のペルム紀にかけて、この地球上に出現したと考えられている。いっぽう、エビを捕食する魚の祖先は、約5億年前にはすでに出現していたと考えられている。こうしたことから、クルマエビの祖先が出現したときには、魚の祖先はすでに出現していた。おそらく、クルマエビの祖先が出現した後しばらくの間は、魚の祖先は、動きのあるものには反応するが、動きのないものには反応しないものが多かったに違いない。そうしたときは、クルマエビの死んだふりは、捕食者の魚から逃れるのに十分に有効だったに違いない。しかし、その後、捕食者たる魚の一部に、死んだ動物の死骸も食べるものが出現した。この魚は、当然のことながら動きのないものにもよく反応する眼を獲得したと思われる。

生きたものだけでなくさまざまな動物の死骸も食べる習性を持つクロダイの成魚が、水槽の底に沈んでいる麻酔で動きが止まったクルマエビをすぐに見つけ出すことを、私はこれまで何度も大学の臨海研究センターで観察している。おそらく、クロダイのような海底に沈んだ動物の死骸も漁る魚が出現したことによって、死んだふりをするクルマエビの祖先が淘汰され、代わりに砂に潜り身を隠す習性を身につけたクルマエビの祖先が増えていったに違いない。現生のクルマエビの潜砂習性は、こうしたことを反映して備わったのではないかと私は考えている。いっぽうで、死んだふりをするしぐさが今も一部のクルマエビに認められるのは、このしぐさをするクルマエビの大半が進化の過程で淘汰されたものの、現生のクルマエビの一部にまだその習性が残っていることを示している。こうした意味から言えば、クルマエビの死んだふりをするしぐさは太古のなごりと言えよう。

ところで、日中長いときで15時間ほども砂に潜って身を隠すクルマエビの行動は、新たに厄介な問題を生じることになる。クルマエビが身を隠すために潜る泥の混じった砂中には、外骨格の中のキチン成分を分解するキチン分解細菌や体内に侵入し増殖すると死亡する原因となるビブリオ菌などの細菌が、うじゃうじゃいる。海底には細菌の栄養となる動植物プランクトンや動物の死骸が堆積しているためである。しかし、現生のクルマエビは、砂に潜っている間、細菌の攻撃から身を守るための生体防御の術をすでに獲得している。おそらく進化の過程で、捕食者から身を守るための行動が擬死行動から潜砂行動に代わった時点で、徐々に獲得したのであろう。

生体防御のためにクルマエビはさまざまな免疫機能を持つが、それだけでなく、体表を覆う外骨格の表層はキチン分解細菌の攻撃にも強く硬い脂質とタンパク質の複合体であるリポタンパク質から構成されていて、外骨格の表面はまるで蠟《ろう》を被せたかのようにつるつるしている。また、砂から這い出てきた直後のクルマエビを注意深く観察すると、体全体がすっぽりと薄い半透明な膜で覆われている。膜は外骨格の直下にある外皮腺から分泌された複合糖質からなる粘液であり、クルマエビが砂に潜っている間、細菌の攻撃から身を守るためのバリアとなっている。

魚などの捕食者から身を守るための、クルマエビの擬死行動や潜砂行動は、クルマエビが濁っていない透明度の高い海域に棲息していることから生まれたものである。つまり、クルマエビがこうした行動をとらずに透き通った海中で明るい日中にうろうろしていれば、魚などにすぐに見つかって捕食されてしまうためである。

いっぽう、ミシシッピ川からの土砂の流入で常に濁っているメキシコ湾に棲むホワイトシュリンプ（リトペナエウス・セティフェルス）や黄土を含んだ黄河が注ぐ黄海に棲むコウライエビ、それに浅く海水の出入りが少ないため常に濁っているパナマ太平洋側沿岸のラグーンに棲むホワイトシュリンプ（リトペナエウス・ヴァンナメイ）は、魚などから見つかり捕食される頻度も少ないためか、明るい日中でもけっして物陰に隠れたりせず、悠々と泳いだりしている。

第9章　エビ・カニの肉質の特徴と食文化

本章では、肉質の特徴と食文化の広がりについて紹介しよう。

エビ肉のプリプリの食感と線維を感じるカニ肉の特徴

エビは、外敵に出会うと、腹部を内側に深く折り曲げて、その反動で勢いよく体を大きく反らして、後方に向けて速い速度で逃避する。このような動きを可能にするために、クルマエビの腹部の筋肉は、曲げるときや伸ばすときに使用する筋線維束からなる屈筋と伸筋が発達している。こうした、エビ腹部の筋肉の構造は、プリプリの食感の要因の1つになっている。さらに、エビは、腹部の筋肉を使って一気に飛び跳ねることができるため、あえて歩いて逃げる必要もなく、歩脚には体を支えて歩行する程度のわずかな筋肉しか発達していない。このため、エビには、食べるのに十分な身、つまり筋肉は、脚にはなく、腹部にある。

これに対し、カニは、外敵に出会うと飛び跳ねるのではなく、歩いて逃げる。そのため、歩

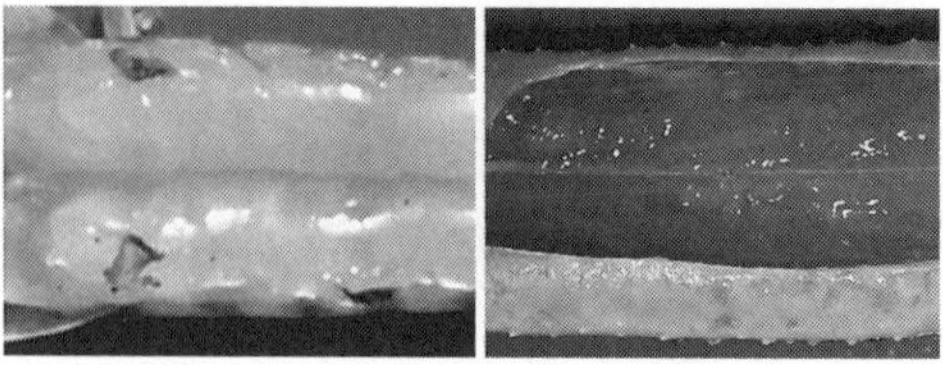

図９—１　クルマエビの腹部筋肉（左）とズワイガニの歩脚筋肉（右）

脚の長節、腕節、前節などの中の筋肉は、５本の脚を曲げたり伸ばしたりするときに使用する屈筋と伸筋から構成されているが、エビの腹部の筋肉ほどには発達していない。ズワイガニやガザミの脚の筋肉の筋線維束は、脚の先端の指節に向かってほぼ平行に並んでいる。このため、カニの脚肉は、容易に縦に裂くことができて、線維を感じる食感のもとになっている。

　また、エビ・カニの肉の食感は、肉を構成する水分やタンパク質などの成分、筋肉内のコラーゲンの割合によっても異なる。エビ肉は水分が少なくタンパク量が多いのに対し、カニ肉は水分が多くタンパク量が少ないのが特徴である。

　エビ・カニの肉を構成する筋肉と筋肉の間には結合組織があり、肉の弾性にかかわるコラーゲンが含まれていて、エビ肉のコラーゲンは、カニの数倍も多く含まれている。カニの脚の肉、エビの腹部の肉にそれぞれ針を突き刺した場合の抵抗性は、エビ肉のほうがカニ肉よりも高く、エビ肉の弾力性がカニ肉にはるかに優《まさ》っている。

　こうしたエビ・カニの肉の部位による構造の違い、機能の違いと、肉を構成する成分の違いによって、人はエビ肉のプリプリの食感やカニ肉の線維の食感をより感じるようになっている。

さらに、エビ・カニの肉は、上手に調理することによって食感を損なうことなく美味しく食べることができる。エビでは、プリプリした食感をいっそう引き出すことができ、カニでは、線維を感じる食感をより引き出すことができる。なぜなら、エビ・カニの肉は、調理のさいの加熱の温度が高くなるのに従って、最初80%前後含まれている水分が減少し縮まるとともに筋肉を構成する筋線維の間隔が狭まり、100℃では筋線維が押しつぶされたようになる。また、肉の弾力性にかかわるコラーゲンは加熱の温度が高くなると流出する。

したがって、エビ・カニの肉の食感を損なうことなく美味しく食べるには、加熱による筋線維の変化を和らげ、コラーゲンの流出量を少なくするため、エビ肉の場合は、殻を付けたままかあるいはむき身に衣をつけるか粉をまぶし、カニ肉の場合は殻を付けたまま、それぞれ加熱時間を可能な限り短縮し調理することが妥当と思われる。

エビ・カニの甘みの成分

エビ・カニの肉を食べたときに美味しく感じるものは、エビではプリプリの食感と甘み、カニでは線維を感じる食感と甘みである。どちらも甘みは肉に含まれるアミノ酸のグリシン、アラニン、グルタミンおよびプロリンに由来する。エビ・カニの旨《うま》み成分は、甘み成分の他に、同じアミノ酸の苦み成分のアルギニンと核酸関連物質の中のイノシン酸（IMP）とアデニル酸（AMP）、グリシンベタイン（GB）、トリメチルアミンオキシド（TMAO）などの低分子物質がある。アミノ酸のうち、グリシンとアラニンおよびプロリンは、種や性別や季節によって異なるものの、それぞれの成分量は総じてエビのほうがカニよりも高いことがわかっている。

季節によって甘み成分のアミノ酸が変動するのは、自然界で摂取する餌の種類や質、さらに水温などの環境変化、それに産卵に関連している。ズワイガニは冬が旬である。これは雌が冬季に成熟し、美味な内子《うちこ》（卵巣）を持つためである。雄は水温の変化の少ない深海に棲息するため、特に季節的な味の変化はほとんどないのだが、春から秋までが資源保護のための禁漁期間となっているため漁が冬季に集中し、雄もまた冬が旬となっている。いっぽう、クルマエビでは、飼育水の塩分が30〜34‰（千分率）と高いときに甘み成分のグリシンなどが増加することがわかっている。また、クルマエビは水温が20〜28℃に上昇すると明らかに成長が速くなるが、それに伴ってグリシンなどが増加し美味になるかどうかははっきりしない。

いっぽう、甘み成分は、漁獲後の時間の経過に伴って減少するだけでなく、冷蔵保存後も減少する。クルマエビを丸ごと冷蔵保存しても、時間の経過とともに甘み成分のグリシンが顕著に減少することがわかっている。

エビ・カニには健康に大切な機能成分が多く含まれている

エビ・カニは、脂肪分がごくわずかしか含まれておらず、高タンパク質でヘルシーな動物性食材と言える。かつて、エビ・カニは高コレステロールの食材として扱われたことがある。これは、以前はコレステロールのみを測定するための分離法や測定法が不完全で、本来の数値よりもかなり大きくなったためである。実際には、エビ・カニの可食部のコレステロール値は、魚の可食部のコレステロール値とほぼ同じである。

エビ・カニには体によいとされている成分がいろいろ含まれている。動脈硬化予防、心疾患予防、胆石予防、貧血予防、肝臓の解毒作用の強化、視力の回復などの効能があるタウリンは、シロエビやホッコクアカエビ、ベニズワイガニなどに含まれている。

血栓予防、抗炎症作用、高血圧予防などに効果がある高度不飽和脂肪酸のEPA（エイコサペンタエン酸）や、脳の発達促進、認知症予防、視力低下予防、動脈硬化の予防改善、抗がん作用等の効能がある高度不飽和脂肪酸のDHA（ドコサヘキサエン酸）は、クルマエビやイセエビ、ガザミ、ズワイガニなどに含まれている。

生体内抗酸化作用や免疫機能向上作用があり、最近注目されているカロテノイドのアスタキサンチンは、エビ・カニのむき身・殻などに含まれている。

β－カロテンは体内でビタミンAに変換され、目の神経伝達物質となる。活性酸素を抑え動脈硬化や心筋梗塞《こうそく》などの生活習慣病を防ぎ、皮膚や粘膜の細胞を正常に保つ働きがあり、あわせて免疫力を高める働きもある。β－カロテンは、クルマエビやガザミなどの可食部に含まれている。

食事中のコレステロールの吸収を抑え、コレステロールを低下させ、制がん効果があり、さらに免疫機能を増強する作用を有するキチンは、シロエビやホッコクアカエビ、ベニズワイガニなど多くのエビ・カニの殻だけでなく鰓や腸や胃にも含まれている。

これらの機能成分は、種によって異なるが、概して言えば、タウリンやβ-カロテン、アスタキサンチン、キチンは、魚より多く含まれ、EPAやDHAは魚とほぼ同じ程度含まれている。

エビ・カニアレルギーの特徴と要因

エビ・カニを食べると、人によってはじんましん、呼吸困難、嘔吐《おうと》、喉《のど》や皮膚のかゆみなどのアナフィラキシーショック症状が出る。このエビ・カニに対するアレルギー反応は、日本人では1～2%の人が持っているとされている。人のアレルギー反応には、即時型のⅠ型、細胞障害型のⅡ型、免疫複合型のⅢ型、遅延型のⅣ型の4つのタイプがあり、食物アレルギー、花粉症、アトピー性皮膚炎、アレルギー性鼻炎などは、アレルゲンが体内に入った直後から数時間以内という短時間で症状が出る即時型のⅠ型と呼ばれるタイプである。エビ・カニのアレルギー反応も、食物アレルギーで即時型のⅠ型に属する。

エビ・カニを食べたときに起きるアレルギー症状を誘発する物質すなわちアレルゲン（抗原）は、トロポミオシンと呼ばれるタンパク質である。トロポミオシンは、エビ・カニの筋肉を構成する筋原線維タンパク質の1つで、筋収縮の調節を担っている。トロポミオシンは、加熱しても分解しないので調理しても残る。また、トロポミオシンは、イカやタコの筋肉にもあり、アレルゲンとなっている。

また、トロポミオシンは水溶性であることから、エビ・カニを茹でるか煮ると、茹で汁や煮汁に溶出し、アレルゲン性が低下する。ただ、この場合、煮汁や茹で汁を摂取するとトロポミオシンを摂取することになることから要注意である。エビ・カニのトロポミオシンのアミノ酸配列は、種によって異なるものの、よく似ている。

年齢別の食物アレルゲンの構成の割合を見ると、3歳のときは卵と牛乳が1位と2位であるが、14歳になるとエビ・カニが卵についで2位になり、さらに成人になると卵を抜いて1位となり、年齢の上昇とともにエビ・カニの食物アレルゲンの割合が高くなる。卵や牛乳に対するアレルギーは、乳幼児の時期に発症しても、成長とともに耐性を獲得していくため、しだいに治っていくことが多いのに対し、エビ・カニのアレルギーは、成長とともに耐性を獲得することはない。

ところで、アレルゲンのトロポミオシンを持つエビ・カニを食べると、なぜ、アナフィラキシーショック症状を持つアレルギー反応が起きるのであろうか。

エビ・カニを初めて食べると、筋肉に含まれるトロポミオシンが消化されずに腸管粘膜を通って体内に流入する。このとき、自己にとって異物と判断されると、トロポミオシンに対する免疫グロブリンE（IgE）抗体が産生される。さらに、産生されたIgE抗体は、皮膚などに存

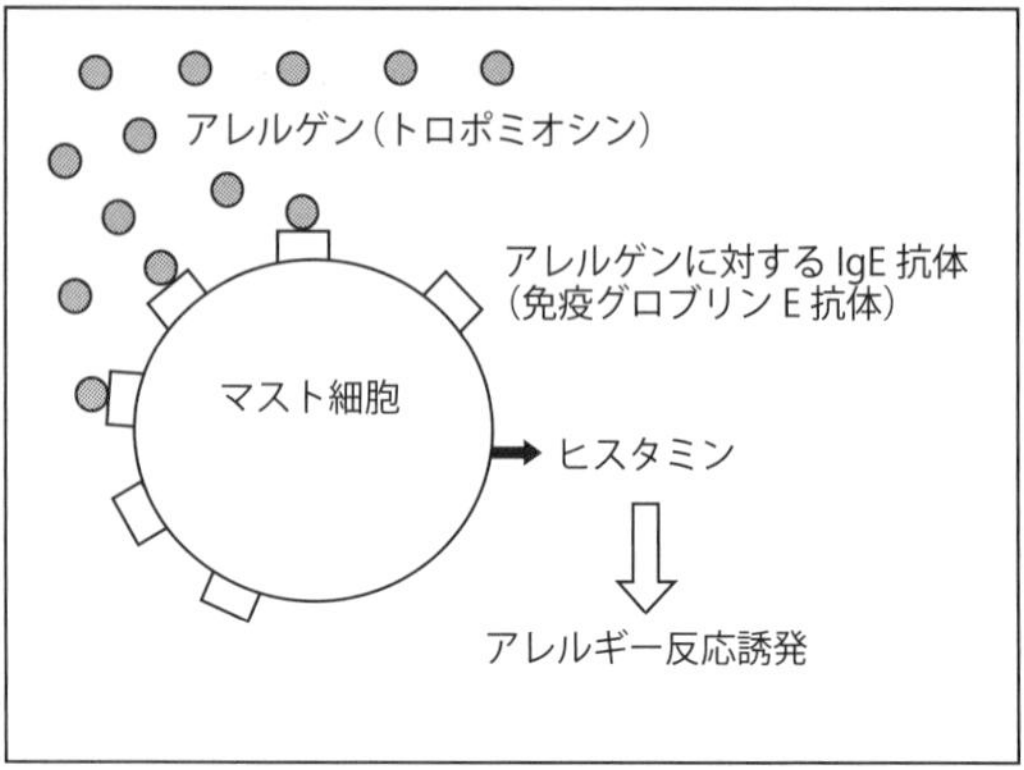

図９―２　人がエビ・カニのアレルゲンを摂取したときにアレルギー反応が誘発されるしくみ

在し細胞内にヒスタミンを持つマスト細胞（肥満細胞）表面のIgE抗体受容体に結合する。この後、再びエビ・カニを食べると、体内に吸収されたアレルゲンのトロポミオシンがマスト細胞に結合した状態にあるIgE抗体と結合する。すると、マスト細胞からヒスタミンが放出される。ヒスタミンは、かゆみや皮膚の赤み、じんましん、気管支喘息《ぜんそく》に加え、鼻水やくしゃみなどを引き起こす。

エビ・カニのトロポミオシンに反応する人と、そうでない人がいる。最近の研究によるとアレルギーを発症しやすい体質には転写因子Minaの遺伝子がかかわっていることが示唆されている。このことから、人のエビ・カニに対するアレルギー反応には、遺伝的要因が関係している可能性がある。

新鮮で美味しく身の詰まったエビ・カニの簡単な見分け方

エビ・カニを購入するさいには、新鮮で美味しく身の詰まったものを選ぶことが大切である。

最も大切なことは、生きて元気なものを選ぶことである。なぜなら、エビ・カニは死ぬと、甘み成分のアミノ酸のグリシン、プロリン、アラニンなどが減少するためである。

具体的には、生きたクルマエビが元気であれば、手に持ったときに頭胸部や尾節を持ち上げて反り返るのに対し、弱っていれば頭胸部や尾節が下がる。イセエビでは、元気なものは、手で掴むとギーギーと音を立てて鳴く。ガザミは、元気なものは、手で掴むか手を近づけると、威嚇のためハサミを大きく広げる。ズワイガニは、手で掴むと元気なものはハサミや脚をさかんに動かす。

また、クルマエビは縞模様が濃くくっきりしたものを選ぶと、茹でたときに体色素のアスタキサンチンがきれいに赤く発色し、見た目もよくなる。縞模様が薄く、はっきりしないものは、健康に役立つ機能成分のβ-カロテン、アスタキサンチンが少ないことを意味している。

また、生きたクルマエビは、いわゆるひげ（第2触角）が長ければ天然のもので、短いと養殖ものである。養殖クルマエビのひげが短いのは、高い密度で養殖すると、エビ同士が長いひげの一部を食べるためである。

どうしても生きたものが購入できない場合は、できるだけ鮮度のよいものを選ぶことである。エビは、死後時間が経てば経つほど頭胸部と腹部の間が開き、腹部と尾節がだらりと下がった状態になる。カニも、死後時間が経てば経つほどハサミ脚や歩脚がだらりと下がった状態になる。

凍結輸送した後、国内で解凍した輸入食品のクルマエビ科のウシエビやホワイトシュリンプ（リトペナエウス・ヴァンナメイ）の頭胸部や尾節が黒く変色しているのは、冷蔵中にアミノ酸のチロシンがチロシナーゼの働きでメラニンに変わったもので、見た目は悪くなるが、肉質は大きく変わらない。

次に大切なことは、身の詰まったものを選ぶことである。だが、エビやカニで身の詰まったものを選ぶことは、それほどやさしいことではない。エビ・カニの身入りは脱皮に大きく関係している。なぜなら、エビ・カニは脱皮時に古い殻を破って出てくるときに体重の50％ほどの海水を飲み、古い殻の下にできた皺《しわ》のよった新しい殻をまるで風船のように膨らませる。そのため、脱皮直後のエビ・カニは、重さはあるものの、外骨格は、まだ通常の半分に満たない薄さで石灰化していないため軟らかく、可食部は水分が多くて、いわゆる身がまだ詰まっていない。この後、脱皮後の時間の経過に伴って、可食部の水分が少しずつ減少し身も詰まってくる。そのため、身が詰まっているかどうかは、エビ・カニが脱皮から十分に日数が経っているかどうかをなんらかの方法で知ることが鍵となる。

その方法の1つとして、外骨格の硬さと厚さが指標となる。この場合、ガザミであれば頭胸部を覆う甲羅（背甲）を指で少し押してみる。殻が薄く軟らかければ少しへこむので、脱皮してから時間が経っていなくて身も詰まっていないことがわかる。また、ガザミの甲羅は脱皮すると新しい甲羅に変わるため、外見は黄褐色の鮮やかな色調で、いかにも新しく見える。脱皮

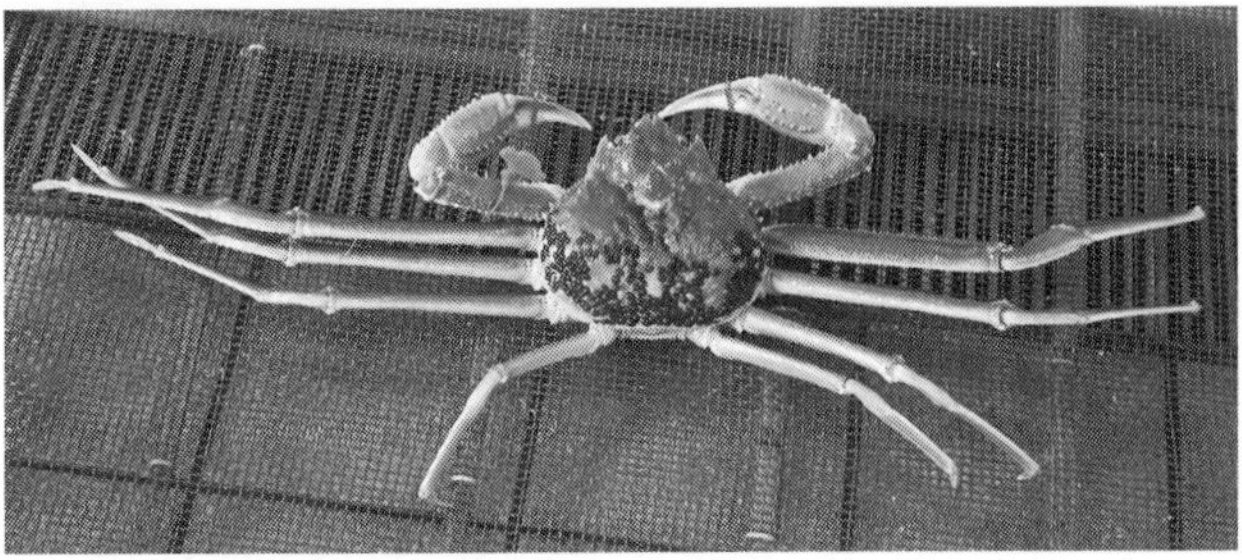

図9—3　脚を広げると70cmほどもある大きくて重い最高級のズワイガニの雄。脱皮してから長い時間が経ったことを示す寄生虫のカニビルの卵が甲羅にたくさん付いている。左のハサミ脚には産地を保証するタグが付いている

してから日数が経つと甲羅の色調はやや黒っぽく古く見える。もし甲羅に小さな傷や何かの付着物があれば、脱皮してから十分に時間が経ち身も詰まっていることを示している。ガザミやケガニの外骨格はハサミ、背甲（甲羅）そして頭胸部の腹側の順に硬くなるので、腹側の部分を指で少し押してみて硬いものを選ぶとよい。暖海に棲むガザミの成体では、脱皮してから殻が完全に硬くなるまで20〜30日ほどかかるのに対し、寒海に棲むケガニの成体では150〜180日ほどかかる。

ところで、欧米には脱皮したばかりの、殻がまだ軟らかいカニをソフトシェルクラブと呼び、好んで食べる食文化がある。私は、イタリアを訪れたときに、地中海で獲れるチチュウカイミドリガニのソフトシェルクラブのフライを食べたことがある。それまで、カニの甲羅は食べたことはなかったが、甲羅を身と一緒に食べることができるソフトシェルクラブはまろみを帯びた美味な味であった。食べる前は、ソフトシェルクラブが欧米人に好

まれるのは、ナイフとフォークを使って殻を含めて丸ごと簡単に食べられるためであろうと思い込んでいたが、それだけでなく味もなかなかのものである。

ズワイガニでは、甲羅に黒くて丸いものが付いているかどうかで、脱皮後の経過日数を知ることができる。これは寄生虫のカニビルの卵である。ズワイガニが棲息している海底は、軟らかい泥で覆われているため、カニビルにとって硬い甲羅が格好の産卵場所になっているためである。これが甲羅にたくさん付いているほど、そのズワイガニは脱皮してから十分に時間が経ち、身も詰まっていることになる。カニビルの卵が付いていても食用には問題ない。

また、旬の時期を選ぶことも重要である。日本の各地方に伝統料理が残るモクズガニは、初秋に川を下る雌ガニは脚の関節の部分と脚の付け根が黄色になったときに内子（卵巣）と味噌（肝膵臓）が詰まっていて美味しい。

9月頃になると中国の上海や日本の中華街などで上海蟹（チュウゴクモクズガニ）を食べる人が増える。上海蟹の場合は、身入りがよいかどうかを知ることも大切だが、頭胸部の腹側の白さが商品価値を大きく左右する。中国では、上海蟹は湖や池、水田で養殖されているが、飼育密度が低く、餌も質を含めて適正に投与すると底質が悪化せず、腹側全体が白くなるが、逆に過密や生餌の過剰投与などで底質が悪化すると腹側全体が汚れて黒っぽくなり、商品価値が著しく下がるためである。

日本の食文化の歴史

邪馬台国について記述した『三国志《さんごくし》』「魏志倭人伝」のくだりに、倭人は水に潜って貝や魚を捕る（今倭の水人好みて沈没して魚蛤《ぎょこう》を捕う）ことが書かれている。3世紀頃、倭国では海女、海士は暖海の磯に潜って、「魏志倭人伝」に記された貝や魚だけでなく、イセエビも手摑みし、これを卑弥呼に献上したとも考えられる。水から出しても強いイセエビは、竹籠などに入れて笹《ささ》や木の葉をかけ、乾燥しないようにしておけば、気温がそれほど高くない春や秋の季節であれば2〜3日は生きている。そのため、もし邪馬台国が海から離れていたとしても献上できただろう。

かつて御厨《みくりや》として栄えた伊勢・志摩の国の海女集落の浜島《はまじま》（現志摩市）では、現在でも初秋に初揚げされたイセエビを伊勢神宮に奉納しているが、おそらく伊勢神宮が創建された680年頃から奉納が始まったと思われる。志摩には棒の先にタコの足を付けて岩の隙間に隠れたイセエビを追い出し、捕獲する独特な漁法もある。

『古事記』の応神天皇段には角鹿《つぬが》の蟹に関する記事がある。「この蟹や何処《いずく》の蟹百伝《ももづた》ふ角鹿《つぬが》の蟹……」で、「角鹿の蟹がはるばると横歩きでやってきて……」という意味である。『古事記』は712年（和銅《わどう》5年）にできあがった、現存する日本最古の歴史書であることから、カニが日本で初めて記載された書物と言える。角鹿とは、現在の福井県敦賀市から丹生《にゅう》郡越前町《えちぜんちょう》あたりの古い呼び名である。

『古事記』に書かれた角鹿の蟹は、角鹿の地の眼前に広がる若狭湾《わかさわん》に棲息するズワイガニと思われる。なぜなら、角鹿の蟹がもし古代の漁具や漁法を使っても獲れると思われるワタリガニ科のガザミかモクズガニなどであったら、日本各地の干潟や河川で獲れるので、わざわざ角鹿の蟹と記載するのは不自然だからである。

いっぽう、ズワイガニは水温1～3℃の水深200～600mの海底に棲んでいるが、角鹿の地の眼前に広がる若狭湾には岸からさほど遠くない場所に水深100～250mの海底があり、今もこの海底の一部がズワイガニの漁場となっている。

角鹿の蟹について歌を詠んだ応神天皇が存在したとされる3～4世紀の頃は、漁具や漁法が今ほど発達していなかった時代である。そうした時代に、深い海からズワイガニを捕獲できる方法がはたしてあったのかという疑問が残る。

もし捕獲できる方法があるとしたら、おそらく当時手に入る材料を使って簡単に作れる漁具を使った漁法であろう。

古代の人々が、網地や紐《ひも》や糸を編み、漁に使っていたことは、古代の住居跡から出土した土器などの表面に網地や紐や糸の痕跡が残っていることからわかる。実は、この網と紐と糸に加えて石や竹やつるなどを使って作り、深い海底に棲むズワイガニを捕獲できると思われる漁具が存在する。それは東南アジアの海辺に住む漁師の間に今も伝わる、カニ漁のための漁具の1つでトラップ網と呼ばれる漁具である。

トラップ網は竹やつるなどを素材にして作った直径1mほどの円形の枠に、網地を中央部が弛《たる》むように張り、ついで枠の三方か四方に紐を結び、その紐を中央でまとめて吊《つる》す簡単な漁具である。トラップ網を吊す紐の長さは、深い海に棲息するズワイガニを捕獲するために260mほど必要であろう。紐の先端には、水に浮く木材を利用して作った長さ40～50cmのウキ（浮具）を縛っておく。

トラップ網を作るさいに、注意しなければならないことがいくつかある。その1つは、網地の網目を大きくし、トラップ網を引き揚げたときにズワイガニの長い脚の何本かが網目に引っ掛かって動けなくなるようにすることである。

次に注意することとは、深い海底にトラップ網を降ろすために枠にやや大きめの石の錘《おも》りを細い紐か糸で縛り付けることである。このとき、枠が水平になるように3～4個のほぼ同じ重さの石の錘りを均等に配置して付けることが重要である。

こうしたことがすべてできた後に、トラップ網の中心に、ズワイガニを匂いで惹《ひ》きつけるため生の魚の大きなあらか切り身を細い紐か糸で2～3個縛り付け、舟を出して水深200～250mの海底にゆっくりと降ろす。翌朝、前日海底に降ろしていたトラップ網を水面に浮かんだウキを目印にして見つけ、ゆっくりと揚げる。

敦賀市の眼前に広がる若狭湾とその沖合を含む福井県のズワイガニ漁は、1960年代までは2000t以上の水揚げがあった。1980年代には乱獲によって10分の1ほどまでに漁獲量が減少したが、その後は適正な漁獲によって回復基調にある。

しかし、漁具・漁法が今ほど発達していなかった古代では乱獲はなく、ズワイガニは若狭湾に豊富にいて、季節や場所や時刻などを適切に選べば、1つのトラップ網を使って1回につきズワイガニを1〜2尾捕獲できたと思われる。獲ったズワイガニは、殻付きのまますぐさま茹でて食したと思われる。

角鹿には、古くから海辺に住み、磯での潜り漁や海に舟で出て漁をする角鹿海人《つぬがあま》と呼ばれる漁民がいたことがわかっている。この角鹿海人の中に、東南アジアに伝わるカニ漁のための伝統的な漁具の1つであるトラップ網を知る人がいたとしても、けっして不思議でないと私は考えている。

九州各地に伝わるサワガニを使ったカニ醬《びしお》は、カニを石臼《いしうす》でつぶした後、塩を混ぜて熟成させ、さらに米麴《こめこうじ》を加えて1年半発酵させたものである。カニ醬は、すでに縄文の頃から日本に住みついていた漁夫の集団である海人部《あまべ》の海人が、大陸や朝鮮半島あるいは南方から持ってきた食文化と思われる。

江戸前のエビ・カニたち

江戸時代中頃になると、江戸の爆発的な人口増加に伴って（およそ120万人）、幕府が江戸湾での漁の規制を緩めた結果、漁具漁法が発達し、シバエビ（芝海老）やガザミが豊富に獲れるようになった。また、同時に幕府は江戸での魚介類の流通を整備した。このような幕府の政策転換が、江戸の町に魚介類を豊富に提供し、この豊富な食材を使った寿司《すし》とてんぷらが江戸で生まれ流行する原動力となった。

江戸時代、庶民がエビやカニをよく食べるようになったのは、文化・文政期以降のことである。庶民が最初に口にしたのは、江戸湾の芝浦《しばうら》や品川浦《しながわうら》の海で長い帯状の網を流して絡め獲る「流し網」を使って大量に獲れた、やや小型のシバエビ（芝海老）である。かき揚げにしたシバエビを蕎麦《そば》に乗せたてんぷら蕎麦もこの頃に生まれている。シバエビは、殻が薄くて軟らかく、甘みがある身を持つため、かき揚げの他にも、塩焼きやエビしんじょう、醤油《しょうゆ》にみりんを加えて煮た芝煮などに調理されていた。

こうしたシバエビとともに、庶民にとって人気があったのは、ガザミである。ガザミは、江戸湾内では、品川浦の水深の浅い海などで、桁網という漁法によって捕獲することができたため、新鮮なものを蒸したり、茹でたり、蟹飯《かにめし》などにしてよく食べられていた。

イセエビは、古代から海女や海士が暖海の浅い磯に潜って手掴みなどで獲ることができたため、早くから賞味されていた。江戸時代にも、活《い》きづくりや殻を付けたまま煮る具足煮《ぐそくに》などにして食べられていたようだが、漁獲量がさほど多くなかったため、江戸の庶民にはやや高嶺《たかね》の花であったと思われる。

ところでモクズガニは、江戸期の吸物椀《すいものわん》の蓋裏に蒔絵《まきえ》で活写されたり（口絵7参照）、187

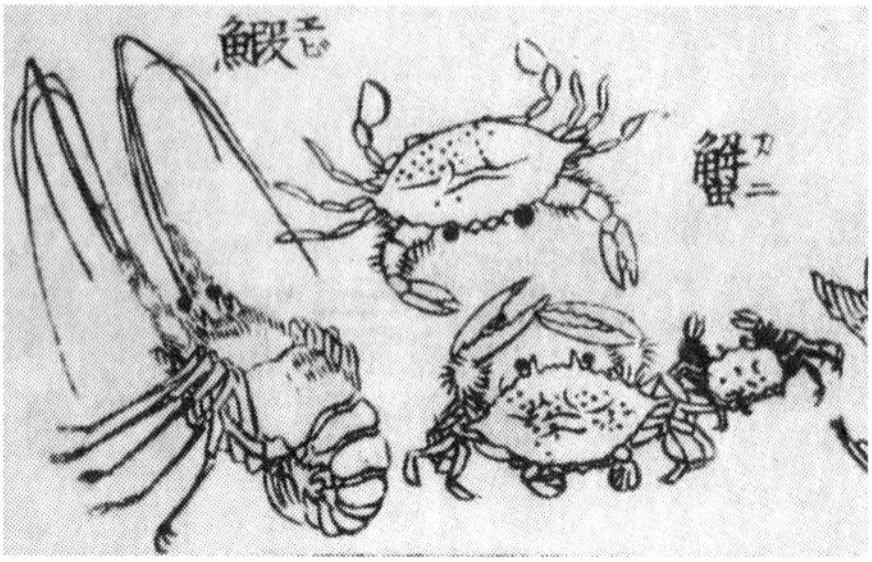

図９―４　1873年（明治６年）に出版された『絵入開化往来』に掲載されたイセエビ（左）、ガザミ（中央）、モクズガニ（右）（筆者所蔵）

3年（明治6年）に出版された『絵入開化往来《えいりかいかおうらい》』にイセエビやガザミとともに掲載されたりしており、人々が住む近くの河川で獲れ、身も十分についていることから、古代より人々に賞味されてきた淡水ガニである。江戸時代は、茹でたり蒸したりして食べることもたまにはあっただろうが、いちいち身をとるのが面倒なことと殻からも出汁《だし》が出ることから、もっぱら、生きたカニを丸ごと石臼に入れ、杵《きね》でついてこなごなにし、竹ザルで濾《こ》し、出汁をとって、これに味噌を入れて煮るとおぼろ豆腐のようにふわふわの塊ができ、旨みと甘みのある上品な味になるので、これをそのまま食べるか炊いたばかりのご飯にかけて食べていた。この料理は地方によって呼び名が変わるが、ズガニ汁やガン汁などと呼ばれている。

江戸庶民の食生活を豊かなものにしていたシバエビの漁に大きな異変が起きた。1853年（嘉永《かえい》6年）、浦賀《うらが》沖にアメリカ大統領の親書を携え、開国を要求するペリー提督が率いる4隻の黒船がやってきた。来航した黒船の江戸湾に迫る勢いに、幕府は1年の猶予を求めて黒船を追い返す。この1年の間に幕府は、江戸城を黒船の砲撃から守るための砲台を建設することを計画した。立案したのは、伊豆・韮山《にらやま》の代官から幕府高官に抜擢《ばってき》された、海防に強い関心を持つ江川太郎左衛門《えがわたろうざえもん》であった。江川は、建設地として黒船が来航する可能性が高い品川浦の海を選び、大勢の人夫を動員して、海を埋め立て、土盛りをして人工の島を造成し、そこに11基の砲台を造り、36ポンド砲を配備する計画を作成した。

埋め立てと砲台造りに使う土の一部は、品川浦の海の近くにあった桜の名所、御殿山《ごてんやま》から運んだ。このとき、山肌を大きく削り取った跡は、浮世絵師の初代歌川広重《うたがわひろしげ》が1855年（安政《あんせい》2年）に制作した、「五十三次名所図会《ごじゅうさんつぎめいしょずえ》品川《しながわ》」の右手前の御殿山になまなましく描かれている。また、遠景の品川浦の海には、新しく造成された砲台が3基描かれている。こうして、大量の土を使う埋め立て工事が始まると、すぐに漁場がひどく濁ったため、品川浦の海や芝浦の海でシバエビ漁をしていた漁師たちは、シバエビの漁場をさらに沖に移した。しかし、従来の流し網漁法ではシバエビが獲れないため、新たにシバエビ仕様の桁網漁法を開発したが、幕府はこれを認めず禁止令を出した。

この禁止令の撤廃を求めて江戸品川浦の漁師の女房などを中心とした48人が町奉行に門訴《もんそ》し、大事件となる。後に禁止令は解かれたが、砲台の建設によって海底の地形や海流の流れが変わったためか、シバエビだけでなく、それまで季節ごとに品川浦の海に来遊していた外洋性魚も以後目に見えて減りはじめ、最終的に品川浦の漁師の数も4分の1まで減少した。

肝心の砲台（お台場）は、建設途中に、幕府が日米和親条約を締結したため、江川が当初計画した砲台の一部6基しか完成せず、しかもできあがった砲台は、その後一度も使われることがなかった。結局、砲台は、シバエビ漁で日々の生活の糧を得ていた漁師やシバエビ料理を何よりの楽しみにしていた江戸庶民、それに花見の場所が大きく削られ、花見を楽しみにしていた江戸の人々に多大の迷惑をかけただけのものになった。

図９―５　初代歌川広重が1855年（安政２年）に描いた浮世絵「五十三次名所図会品川」。右手前に砲台建設のため山肌が大きく削られた御殿山が、遠景の品川浦の海には建設された砲台が３基見える（国立国会図書館蔵）

エビ・カニ食文化のさらなる発展と普及

今や、日本だけでなく、世界にも広まっている寿司の起源は、米などの穀類を炊いたものと魚を塩で一緒に漬け、乳酸菌による米の発酵が酸度のある乳酸を生み出す結果、pHが低下し抗菌性が増すことを利用して魚を保存したものに由来する。紀元前４世紀頃に東南アジアの山地民族の間で産まれ、日本には奈良時代の頃に伝わったとされている。この頃の寿司は、塩と炊いた米飯とアユやフナなどを一緒にして、１年ほど乳酸発酵させた、「なれずし」と呼ばれるもので、川魚の保存食であり、酢は使っていなかった。

その後、江戸時代の延宝《えんぽう》年間（１６７３〜１６８１年）に、飯に酢と塩で味付けした「早ずし」ができたが、それでも飯に酢を熟《な》らすのに一晩置かねばならなかったことから一夜ずしとも呼ばれた。元禄《げんろく》から１００年を経た田沼《たぬま》時代には、料理茶屋が流行し、それまでの上方《かみがた》風の調理法から江戸前の高級な魚介類を使った江戸風の調理法が考案され、文化・文政期に両国《りょうごく》の華屋与兵衛《はなやよへえ》によってにぎりずしが考案された。この時点で、寿司は保存食から酢を加えた飯と江戸前の新鮮な魚介類を使った嗜好品に変わっている。江戸では、にぎりずしに使うシバエビや小ぶりのクルマエビは軽く茹でて使った。幕末の頃に江戸では水を介して伝染するコレラが流行したこともあって、生の食材は敬遠したのであろう。

現在、エビ料理の中で、最も人気のあるクルマエビのてんぷらは、明治になって銀座《ぎんざ》の天金《てんきん》が大型のエビを使ったのが最初である。江戸時代、幕府は鎖国政策をとっていたため、船舶の建造と航行について厳重な制限を加え、漁船についても同様で、江戸湾の湾口や湾外に出ることなどできなかった。クルマエビも、江戸時代には、浅い湾内で桁網で漁をしていたが、小ぶりのものしか獲れなかった。しかし、明治になってから、こうした船舶の建造と航行の制限もなくなり、さらに漁具漁法の改良もあって、より深い湾口の深さ70～100mの海底にいる大型のクルマエビを桁網や刺し網で獲れるようになったため、新たな料理が生まれたのである。

日本には、いわゆる洋食屋さんが作る西洋風料理がある。エビフライは、1895年（明治28年）創業の東京銀座にある老舗《しにせ》洋食屋の煉瓦亭《れんがてい》が考案したとされている。おそらく、江戸末期の慶応《けいおう》期に、第15代将軍徳川慶喜《よしのぶ》が洋式軍隊を取り入れるために江戸に招聘《しょうへい》したフランス人がもたらした魚介類のフライ料理が日本人に伝わり、それを日本人の好む味に改良してエビフライが生まれたと考えられる。19世紀までフランスが支配していた米国ルイジアナ州の南部では、今でも魚介類のフライ料理がさかんに賞味されている。

太平洋戦争後は、2つの要因によって日本のエビ・カニの食文化が、大きく変化した。

1つ目の要因は、戦後復興に始まる日本経済の発展が長く続き、それに伴って人々の収入も増え、生活が豊かになったことである。その結果、1964年（昭和39年）以降、高速の新幹線や航空路などが日本各地に広く整備されて、多くの人たちが北海道や北陸、京都、山陰、九州などを直接訪れて現地のホテルや旅館、レストランで新鮮なケガニやズワイガニ、ガザミなどを食べることができるようになった。

2つ目の要因は、1970年以降、世界的なエビ・カニの種苗生産技術と養殖技術の発展によって、成長の早いクルマエビ科のエビの養殖がさかんになり、それに伴って、クルマエビ科のクルマエビやウシエビ、ホワイトシュリンプ（リトペナエウス・ヴァンナメイ）などの海産中型エビの消費が大きく進んだことである。

世界では、気温が高いラテンアメリカのエクアドルやメキシコ、東南アジアのタイ、ベトナム、インドネシア、マレーシア、それに加えてインド、中国の8ヵ国で、比較的安価なホワイトシュリンプ（リトペナエウス・ヴァンナメイ）、ウシエビ、コウライエビなどが、2019年の時点で、生産量420万t、生産額にして4兆円ほど養殖されている。養殖には、かつてはブラックタイガーシュリンプ（ウシエビ）がもっぱら利用されていたが、今はウイルス病に強く、しかも成長の速いホワイトシュリンプ（リトペナエウス・ヴァンナメイ）にとって代わられている。

図9—6　タイ最大の180万坪の海産エビの養殖場。かつては、ブラックタイガーシュリンプ（ウシエビ）、そして今はホワイトシュリンプ（リトペナエウス・ヴァンナメイ）を年間2600tほど養殖する。飼育海水は循環するシステムになっている

海外で養殖された海産エビは、現地ではアルミなどの金属製の容器に水と一緒に入れて冷凍され、冷凍船で日本に送られる。日本に着いてから解凍され、スーパーマーケットなどで店頭販売されて

いる。

このことに加えて、戦後の冷凍・冷蔵技術の発達と普及により、海外で養殖された海産エビの国内での保存が可能になった。さらに、生産地からの海産エビの供給も年間を通して行われ、その結果、季節に関係なく消費されるようになった。当初、海外で養殖された海産エビは、冷凍の形での輸入が大半を占めていたが、その後生産地で加工が行われ寿司ネタやフライなどの形で輸入されるものが増えてきている。また、冷凍品や加工品の形だけでなく、海で獲れたアメリカンロブスターやオーストラリアイセエビなどを、米国やオーストラリアから生きたまま輸入している。

このように、戦後になると、誰もが予想もしなかった海産エビの大量消費が起き、年間20万〜30万tもの大量消費が今日まで続いて、日本人の食生活を豊かなものにしている。

日本各地のエビ・カニの食文化

ここからは、日本の各地に伝わる伝統的な献立について紹介しよう。

長崎県島原《しまばら》には、有明海《ありあけかい》で獲れるクルマエビをぶつ切りにして殻付きのまま煮込む具足鍋がある。

岡山県には、錦糸玉子や木の芽、大切りしたサワラ、アナゴ、イカと瀬戸内海で獲れるクルマエビを塩茹でしたものを一緒にして盛りつける美味しい岡山ずしがある。これは、江戸時代の初期に岡山藩藩主池田光政《いけだみつまさ》が出した一汁一菜の倹約令に庶民が反発して、もともと当地にあった飯と酢とかやくを混ぜた素朴な備前《びぜん》ずしに山海珍味を足して、豪華なものに変えたものである。

クルマエビの近縁種のクマエビは、正月用焼きエビとして南九州で使われている。鹿児島県出水《いずみ》市の水産会社では、11月中旬から12月下旬にかけて、海底を引網してエビ・カニを漁獲する打たせ網漁で獲った八代海《やつしろかい》特産の体長20〜25㎝の大型クマエビを、串に刺して炭火で丁寧に焼き上げた後、荒縄に束ねて天日干しし、雑煮用など正月の食材として出荷している。クマエビは、干すことで味が濃縮され、濃厚な風味と旨みを味わうことができる。鹿児島県では、江戸の昔から雑煮にはお椀から頭と尾がはみ出るような大きな焼きエビを丸ごと入れる習慣があり、焼きエビの大小により家の格式を決めたと言われている。

また、変わったところでは、佐賀県には、伊万里湾《いまりわん》で獲れたクルマエビを茹でた後、味噌に漬け込んだものがあり、軽く焼いて食べると、風味があって酒のつまみになる。愛知県大府《おおぶ》市には、伊勢湾で獲れるクルマエビを1匹丸のまま煎餅《せんべい》にしたものもある。

三重県志摩市には、海女が海で獲ったイセエビを焚き火で丸のまま豪快に焼き、何もつけずに磯の香りと天然の塩味のみで味わう浜島焼きがある。伊豆半島の下田《しもだ》市須崎《すさき》には、生きたイセエビを背開きにして天日干しにして作る干物があり、干すことで味が濃縮され、濃厚な風味を味わうことができる。

ガザミは、脚には身が少なく、胸肉すなわち脚の付け根の肉を食べる。白い身は二杯酢につけるととても甘く美味しく食べることができる。また、オレンジ色をした内子（卵）とカニ味噌を楽しむなら冬から初夏にかけての雌である。有明海に面した佐賀県藤津《ふじつ》郡太良町《たらちょう》竹崎《たけざき》地区の近海で獲れる、大ぶりの身入りのよいガザミを「竹崎カニ」と呼び、ブランド品となっている。干満の差が最大6mもある有明海に棲息することが格別な味わいを持たせている。

福岡県から大分県にまたがる瀬戸内海の沿岸の豊前海《ぶぜんかい》にも、広大な干潟が発達している。ここで獲れた大ぶりの身入りのよいガザミを「豊前本ガニ」と呼び、ブランド品となっている。栄養豊富な干潟で育ったカニは濃厚な旨みと豊かな甘みが特徴で、茹でガニや蒸しガニにすると、カニ本来の味が堪能できる。

瀬戸の海を望む広島県福山《ふくやま》市には内子とカニ味噌が詰まった雌ガニを丸のまま焼いて食べる焼きガザミがある。愛媛県の東端に位置し、瀬戸内海の燧灘《ひうちなだ》に面する四国中央《しこくちゅうおう》市寒川《さんがわ》には、生きたガザミをぶつ切りにして調理したアツアツの雑炊を楽しむ食文化があり、お祭りや正月などの人が集まるときに欠かせない。

高知県の香南《こうなん》市では、太平洋岸で獲れるイシガニを味噌汁《みそしる》にして食べている。

いっぽう、千葉県南房総《みなみぼうそう》市では、増間川《ますまがわ》で獲れたモクズガニを使ったズガニ汁がある。岡山県和気《わけ》郡和気町《わけちょう》では吉井川《よしいがわ》で獲れたモクズガニを臼に入れ杵で細かく砕いて得た出汁に野菜をたっぷり入れて醤油で味付けし、ご飯にかけて食べるズガニのかけ飯がある。伊豆修善寺《しゅぜんじ》の狩野川《かのがわ》や高知県吾川郡《あがわ》いの町《ちょう》の仁淀川《によどがわ》でも、獲れたモクズガニを砕いて得た出汁にうどんやそうめんを入れて食べるズガニうどんやツガニそうめんがある。

また、日本各地には、希少なエビ・カニを楽しむ食文化もある。

細長いハサミを持ち、姿形が美しく、甘く濃厚な旨みを持ち、千葉県銚子《ちょうし》沖から日向灘《ひゅうがなだ》にかけての太平洋沿岸の水深200～400mの海底に棲むアカザエビは、漁も少なく希少なエビで、静岡県の戸田《へだ》あたりでは手長えびと呼び、茹でるか蒸して食べると甘みがあって実に美味しい。

富山湾では神通川《じんづうがわ》や庄川《しょうがわ》が流れ込んだ先に「藍瓶《あいがめ》」と呼ばれる海底谷があり、そこに棲む3～4㎝ほどのシラエビ（白えび）を珍味として食べる。シラエビは、繊細でもろく、傷つきやすいため、長らく食用としては敬遠されていたが、むき身にして数十尾分を生のまま、ひと塊りにして口に入れて食べるとねっとりとした甘みと旨みで最高の味が楽しめることから、今では人気の希少なエビとなっている。

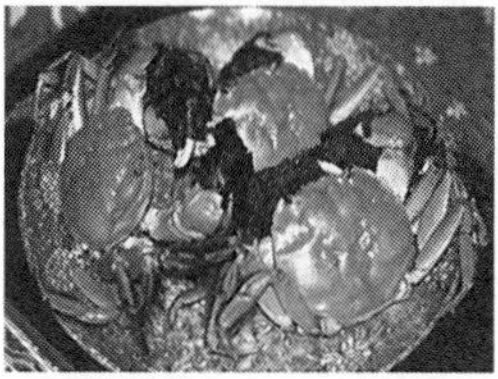

図9－7　三重県の清流宮川で獲れたモクズガニ、蒸して食べると上海蟹に劣らず実に旨い

沖縄県や宮崎県、長崎県の五島《ごとう》列島では、沿岸で獲れるセミエビやウチワエビを焼くか、塩茹でにするか、味噌汁にして食べている。セミエビやウチワエビは、その扁平な形から、一見身が入っていないように見えるが、旨みと甘みと歯ごたえがあ

る身がぎっしりと詰まっている。

青森県の弘前《ひろさき》では、陸奥湾《むつわん》で獲れたクリガニ（標準和名トゲクリガニ）を塩茹でし、春に満開に咲いた桜の木の下で食べながら花見をする慣習がある。クリガニは花見には欠かせないことから、別名「花見ガニ」や「桜ガニ」とも呼ばれている。小ぶりなカニだが、上手に食べると、身だけでなく、カニ味噌と内子が実に美味しい。クリガニは、陸奥湾沿岸の春の味覚で青森県北津軽《きたつがる》郡金木《かなぎ》村（現五所川原《ごしょがわら》市）で生まれ育ち、後に『走れメロス』などを書いた文豪太宰治《だざいおさむ》も大の好物であったという。

ところで、北海道には、このクリガニの近縁種で別名オオクリガニとも呼ばれる、甲羅の幅が８㎝以上にもなる大きなケガニがいる。実は、ケガニは、もともと北海道では見向きもされなかったカニであったそうだが、太平洋戦争中から戦後にかけての厳しい食料品の統制を受けて、売るものがなくなったときに、ある人が長万部《おしゃまんべ》駅の構内で統制外にあったケガニを茹でて立ち売りしたところ、たちまち人気が出て、今では、カニ王国の北海道で一番人気があるカニとなったそうである。

甘く詰まった身やカニ味噌、内子が美味しいアサヒガニは、漁も少なく希少なカニで、短尾下目（カニ類）では最も原始的とされ、高知県香南市や奄美大島や沖縄では蒸すか茹でて食べている。

世界の食文化

ストーンクラブ（メニッペ・メルケナリア）は成ガニで甲羅の幅が13〜17cmあり、米国ノースカロライナ州の大西洋岸からフロリダ州のメキシコ湾沿岸に棲んでいる。フロリダ州では、上に穴が開いたカニ籠に、魚のあらや切り身を入れ、砂質の海底に2〜5日間沈めておくと、ストーンクラブが入る。もし、籠に入ったストーンクラブのハサミの前節の長さが、規定の約7・3cm以上の大きさであれば、片側のハサミのみを根元からもぎ取った後、カニをすぐに海に戻す。しかし、ハサミの前節の長さが規定以下のときは、ハサミをもぎ取らずそのまま海に戻す。もぎ取られたハサミは2〜3回の脱皮の後、再生し元の大きさに戻ることから、カニを殺さずに済む、なかなかうまいやり方である。海に戻したカニの中には、8回も捕まったストーンクラブがいるという。

現在、ストーンクラブの資源が減少していることから、漁は10月15日から翌年の5月2日までの約7ヵ月間に制限されている。ハサミは蒸すか茹でて食べると、甘みと旨みがあって、ハサミ特有のプリッとした食感の肉が実に旨い。

米国南部のルイジアナ州には、フランス領ルイジアナ時代の移住者および混血の人々を先祖に持つクレオールに伝わる伝統スープであるガンボがある。淡水のザリガニやメキシコ湾産のブルークラブ、ホワイトシュリンプ、それにロングライス、玉ねぎなどを使って濃いスープを作り、さらにとろみをつけるためにオクラを入れるのが特徴である。ガンボの語源はアフリカ

図9―8　蒸した上海蟹料理

の言葉（バントゥー語）のオクラに由来する。

フランスにはビスクと呼ぶ、エビやカニを使った定番のスープがある。ザリガニの一種エクルビスなどのエビを殻ごと裏ごしし、クーリーと呼ぶソースをベースに玉ねぎなどを白ワインとともに煮つめた後に濾し、生クリームを加えて仕上げた濃厚な風味のスープである。

ユダヤ教徒が住むイスラエルでは、『旧約聖書』の一書「レビ記」第11章に、海や川や湖に棲む生き物で、ヒレとウロコのあるものは食べてもよいと記されているが、エビ・カニはこの条件を満たしていないことから、戒律に適合していない食べ物とされている。

世界有数の漁場を持つアイスランドは、1人あたり年間16・84kgのエビ・カニを食べている世界一のエビ・カニ消費国である。なかでも豊富に獲れるアイスランディック・ロブスターと呼ばれるアカザエビをシンプルにグリルした甘くて美味しい料理がある。

中国には、9月になるとチュウゴクモクズガニを蒸して甘みと旨みのある肉とカニ味噌と内子を食べる上海蟹料理がある。

漢字の「蟹」の語源は、4000年ほど前、長江（揚子江）の治水工事のため朝廷より派遣

図9―9　世界3大スープの1つ、タイのトム・ヤム・クン（左）、オニテナガエビを使ったタイのクーン・パオ（右）

された巴解《はかい》という役人が故あって最初にチュウゴクモクズガニを食べたことから、解さんに踏みつけられた虫（漢字の「虫」は、一般に無脊椎動物を意味する）という意味で蟹という漢字が生まれたとされている。

いっぽう、日本でカニを「かに」と呼ぶのは、茹でると赤くなることから殻丹（かに）と呼んだという説などがある。ところで日本語の「えび」の語源は、エビの体色が山葡萄《やまぶどう》の熟した赤紫色の葡萄色（えびいろ）に似ているからという説などがある。

韓国にはガザミに火を通さず、生のまま食べるケジャン料理がある。産卵前の内子を持つ生のガザミを醤油ダレに漬けて熟成させた料理で、生のまま食べるととろりとした味で実に甘くて旨い。ガザミは、海に棲息することから、もし生で食べたときに寄生虫がいたとしても人に寄生することはない。

ベトナムには、メコン河流域で養殖されたブラックタイガーシュリンプ（ウシエビ）のシュリンプカクテルなどさまざまな料理がある（口絵8参照）。

タイには、マングローブで獲れたノコギリガザミを甲羅付きのままカレー粉で炒《いた》めてココナッツミルクを加え、卵とじにしたプー・パッ・ポン・カリーという料理がある。タイ語のプーは「カニ」、パッは「炒め」、ポンは「混ぜる」を意味し、カニのカレー炒めのことである。野生のカニの甘みと旨みにココナッツミルクの味が加わって絶品の味がする。

また、世界3大スープの1つで、タイの代表的料理トム・ヤム・クンがある。辛くて酸っぱく香りがよいエビ入りのスープで、コブミカン、レモングラス、ガランガルの薬草と、タイで獲れるブラックタイガーシュリンプ（ウシエビ）などを入れ、ナンプラーで味付けする。トム・ヤム・クンは、タイ語でトムは「煮る」、ヤムは「混ぜる」、クンは「エビ」を意味し、エビ入りスープという意味である。

また、タイには河川で獲れる大きさ30〜40㎝（ハサミの長さも含む）の大きなオニテナガエビをバナナの葉で包み、炭火で焼く、香りが食欲をそそるクーン・パオという料理がある。殻をむいて、プリッとした身をライムとトウガラシ、コリアンダーを刻んで作ったソースにつけて食べると、まさに甘みと旨みと食べ応えのある食感はエスニック料理の極みと言える。

あとがき

　私は、家内に言わせれば、どうも変わり者らしい。それも相当変わっているらしい。何が変わっているのかと家内に訊いても、なかなか言わない。しかし、あえて尋ねると、どうやら私は世間の人が関心を持たないことに関心を持ち、世間の人が関心を持つことに関心を示さないとのことである。多分そのとおりなのだろう。しかし、そうした自分でもよくわかっていることがある。それは、世間の人の発想と私の発想が、時にまったく違ったものになることである。

　やや古い話だが、かつて、石油の価格が高騰し、漁船を出しマグロの漁をしても利益を確保することが難しく、出漁をやめる漁船が増えているというニュースがテレビから流れてきたことがあった。このようなニュースを聞くと、世間の人はすぐに、マグロの漁獲が減れば価格が上昇し好きなマグロの寿司や刺身が食べられなくなると心配する。

　しかし、私は、ここでまったく違った発想をする。石油価格の高騰は、海のマグロを守るのに良い機会だと思うのである。昔と大きく違って、今は漁具や漁法が発達し、マグロなどの魚介類を根こそぎ獲ることも可能な時代である。もちろん、マグロを獲ることについては、自然の減耗もあることから、資源の増減に見合う獲り方をしていれば問題ないことも知っている。しかし、現実には、そうしたことはほとんど無視され、乱獲や密漁が横行している。すべてにわたって経済活動が優先していることは、なにも陸だけでなく海でも同じである。現状の海は、マグロの資源はすでに大幅に減少していて、ミナミマグロが絶滅危惧種に指定されるほどである。

70年ほど前は、300トンほどのマグロ漁船は、遠洋に出れば、わずか2週間ほどで冷凍室を満杯にできたが、今は1年から2年もかかる。そんなわけで、今は資源が大幅に減って、漁に出てもすぐには獲れないため、やたらと船を動かさなければならないから、燃料油に金がかかりすぎるのは当たり前の話である。石油高騰は、もともとあった燃料油の経費過剰の問題を鮮明にしただけのことである。石油高騰がマグロの乱獲にストップをかけていると私は思う。

そんなことも頭の中にあって、たとえマグロを食べられなくても、人類は滅亡したりしないと思ってしまう。むしろ、マグロを今のように獲り続けていると、近い将来マグロがこの広大な海からいなくなってしまうことのほうがよほど問題だと思ってしまう。世間の人は、人間の都合のことをまず考えるが、私は、マグロの都合のことをまず考える。

これは、なにもマグロに限ったことでなく、あらゆる生き物についても同様である。

このように私の発想は、時として世間の人の発想と大きく違っている。この原因は、私が人間を万物の霊長として見ていないことにある。私は、人間も自然界に棲むマグロやエビやカニなどのあらゆる生き物も同じ地球に棲む生物であり、両者にはなんら優劣などないと思っている。確かに、人間の知能は、他の生物に比べて際立って発達しているが、他の生物はそれに代わる優れたものをいくつも持っている。人間は、自分をいつのまにか地球で一番賢く知能が最も発達し、優れていると勝手に思い込み、驕《おご》ってしまっている。このことが、今日、世界で起きているさまざまな地球環境の破壊を引き起こし、多くの生物を絶滅の危機に追いやっていると私は思っている。

このことについて、本書で取り上げたクルマエビについて言えば、稚エビ期を過ごすために欠かせない大切な干潟は、日本では9割近くがすでに、新たな住宅や工業団地やテーマパークなどの施設建設のために埋め立てられて消失し、海から獲れる成エビはかつての4分の1ほどまでに減少している。このまま干潟の破壊が進めば、幕末期にシーボルトが世界に最初に紹介した美しい姿をしたクルマエビが日本の海から消えてしまう日もそう遠くないかもしれない。

また、私は、生き物をむやみに殺すのが嫌いである。そんな私も36年もの長い間、研究所や大学で生殖のしくみなどを調べるさまざまな研究のために、数千尾、いやもっともっと数多くのエビ・カニの命を犠牲にしてきた。しかし、その研究成果を使ってエビ・カニを積極的に増やす養殖という手段で、その何十万、何百万倍もの新たな命を生み出す人々の仕事を支えてきたのも事実で、私の心もわずかだが慰められている。

伊勢の海に隣接する農林水産省水産庁養殖研究所で研究を始めてまもない頃のことだが、新たに考案した海水を交換する必要のない浄化装置を使った飼育法でイセエビを1年飼育した。この後、飼育実験が終了し体重が1kgほどにも大きく成長したイセエビ50尾をすべて研究所の前に広がる海に放したことがある。後でこのことを家内や友人に話すと皆から「ああ、もったいない」と言われた。滑稽《こっけい》と思われるかもしれないが、1年も面倒を見てきたイセエビにはそれなりの愛情が湧いて、とても食べる気分にはなれない。さらに、「それなら貴方に代わって食べてあげたのに」と重ねて家内から親切顔で言われたが、たとえ家内といえども、私が大事に飼ったイセエビを食べることなどとんでもないと言い返した。ここまで読んだ読者から、愛くるしいイルカやウミガメならわかるが、我々が日頃高級食材にすぎないと思っているイセエビにも、おまえは愛情が湧くのかと訊かれれば、そのとおりだと答えるしかない。こんなところも、私が変わり者だと言われる所以《ゆえん》かもしれない。

しかし、私は、人の命はもちろん大切だが、小さな生き物の命も大切だと常々思い、無益な殺生を避けているだけで、自分を変わり者とは露ほども思っていない。そんな私は、長年研究してきたエビ・カニが、優れたしくみの体を持つだけでなく、巧妙な機能を備えていて、しかも生きることにも秀でた生き物だと思い、時として畏怖《いふ》に近い感情すら持っている。そして、進化の一方の頂点にまで達した節足動物に属するエビ・カニが、ただ人間の食欲を満たすためだけの存在として、ぞんざいに扱われていることが残念で仕方がない。この残念に想う気持ちが、本書を書いた私のエネルギーにもなっている。そして、こうした想いをするのも、私がエビ・カニの研究にどっぷりと浸《つ》かった半生を送った生物学者ゆえと一人合点している。

本書の図のいくつかを描いてくれた妻明子に感謝する。

本書を、浅学非才な私を研究者に育てていただいた、恩師である小林博《こばやしひろし》先生、小林新二郎《こばやししんじろう》先生、山田寿郎《やまだじゅろう》先生に捧《ささ》げます。

2021年秋

矢野　勲

Asian Fisheries Forum Chiengmai, Thailand 11-14 November 1998, The National Center for Genetic Engineering and Biotechnology, Thailand, 1998.
I. Yano, "Endocrine control of reproductive maturation in penaeid shrimp", *Recent Advances in Marine Biotechnology*, Vol.4., Science Publishers, Inc. U.S.A., 2000.
矢野勲「クルマエビの生物学的特徴、生活史など」『水産増養殖システム 3 貝類・甲殻類・ウニ類・藻類』恒星社厚生閣, 2005.
I.Yano & R. Hoshino, "Effects of 17β-estradiol on the vitellogenin synthesis and oocyte development in the ovary of kuruma prawn (*Marsupenaeus japonicus*)", *Comp. Biochem. Physiol. A. Mol. Integr. Physiol.*, 144, 2006.

主要参考文献

I. Yano, "An electron microscope study on the calcification of the exoskeleton in shore crab", *NIPPON SUISAN GAKKAISHI*, 41, 1975.

矢野勲「エビ・カニ類の外皮の構造と形成」『化学と生物』15, 1977.

I. Yano, "Calcification of crab exoskeleton", *The mechanisms of biomineralization in animals and plants: Proceedings of the third international biomineralization symposium*, Tokai University Press, 1980.

I. Yano, "Induced ovarian maturation and spawning in greasy back shrimp, *Metapenaeus ensis*, by progesterone", *Aquaculture*, 47, 1985.

I. Yano & Y. Chinzei, "Ovary is the site of vitellogenin synthesis in kuruma prawn, *Penaeus japonicus*", *Comp. Biochem. Physiol.*, 86B, 1987.

I. Yano, "Effect of 17α-hydroxy-progesterone on vitellogenin secretion in kuruma prawn, *Penaeus japonicus*", *Aquaculture*, 61, 1987.

矢野勲「クルマエビ属II　交尾・産卵」『エビ・カニ類の種苗生産』恒星社厚生閣, 1988.

I. Yano, R. A. Kanna, R. N. Oyama & J. A. Wyban, "Mating behaviour in the penaeid shrimp *Penaeus vannamei*", *Marine Biology*, 97, 1988.

I. Yano, "Oocyte development in the kuruma prawn *Penaeus japonicus*", *Marine Biology*, 99, 1988.

I. Yano, B. Tsukimura, J. N. Sweeney & J. A. Wyban, "Induced ovarian maturation of *Penaeus vannamei* by implantation of lobster ganglion", *J. World Aquacul.*, 19, 1988.

矢野勲・鎮西康雄「クルマエビ（*Penaeus japonicus*）のビテロジェニン誘発及び卵発生に関する胎盤性性腺刺激ホルモン及び片側眼柄摘出の効果」『世界のエビ類養殖——その基礎と技術』緑書房, 1990.

矢野勲「クルマエビ類の生態、生殖及び生産周期の現状」『世界のエビ類養殖——その基礎と技術』緑書房, 1990.

I. Yano, "Effect of thoracic ganglion on vitellogenin secretion in kuruma prawn, *Penaeus japonicus*", *Bull. Natl. Res. Inst. Aquaculture*, 21, 1992.

I. Yano, "Ultraintensive culture and maturation in captivity of penaeid shrimp", *Crustacean Aquaculture*, 2nd ed., CRC Press, 1993.

I. Yano & J. A. Wyban, "Effect of unilateral eyestalk ablation on spawning and hatching in *Penaeus vannamei*", *Bull. Natl. Res. Inst. Aquaculture*, 22, 1993.

I. Yano, "Osmotic concentration of serum during ovarian maturation in kuruma prawn", *Fish. Sci.*, 61, 1995.

I. Yano, "Final oocyte maturation, spawning and mating in penaeid shrimp", *J. Exp. Mar. Biol. Ecol.*, 193, 1995.

I. Yano, R. M. Krol, R. M. Overstreet & W. E. Hawkins, "Route of egg yolk protein uptake in the oocytes of kuruma prawn, *Penaeus japonicus*", *Marine Biology*, 125, 1996.

I. Yano, "Hormonal control of vitellogenesis in penaeid shrimp / Endocrine control of reproductive maturation in penaeid shrimp", *Advances in shrimp biotechnology: Proceedings to the Special Session on Shrimp Biotechnology 5th*

J. Exp. Biol., 212, 2009.
S. M. Rankin, J. Y. Bradfield & L. L. Keeley, "Ovarian protein synthesis in the South American white shrimp, *Penaeus vannamei*, during the reproductive cycle", *Invertebr. Reprod. Dev.*, 15, 1989.
T. Rossi, S. D. Connell & I. Nagelkerken, "Silent oceans: Ocean acidification impoverishes natural soundscapes by altering sound production of the world's noisiest marine invertebrate", *Proc. R. Soc. B.*, 283, 2016.
N. M. Sachindra, N. Bhaskar & N. S. Mahendrakar, "Carotenoids in *Solonocera indica* and *Aristeus alcocki*, deep-sea shrimp from Indian waters", *J. Aquatic Food Product Technology*, 15, 2006.
B. Sainte-Marie & F. Hazel, "Moulting and mating of snow crabs *Chionoecetes opilio* (O. Fabricius), in shallow waters of the Northwestern Gulf of Saint Lawrence", *Can. J. Fish. Aquat. Sci.*, 49, 1992.
佐々木潤「ケガニの性フェロモンと配偶行動」『化学と生物』32, 1994.
佐々木潤「エビ・カニ・ヤドカリ類の種多様性――エビ・カニ・ヤドカリ類は何種いるのか？」『北水試だより』82, 2011.
佐藤栄「月齢と鱈場蟹重量の関係に就て」『北海道水産試験場事業旬報』372, 1937.
里内晋『東海黄海底魚漁場ノ再認識』里内晋, 1937.
佐藤武宏「カニの脚」『自然科学のとびら』17, 2011.
Y. Schnytzer, Y. Giman, I. Karplus & Y. Achituv, "Boxer crabs induce asexual reproduction of their associated sea anemones by splitting and intraspecific theft", *Peer J.*, DOI 10, 2017.
下亟由明・矢野勲，未発表.
S. Srisurichan, N. Caputi & J. Cross, "Impact of lunar cycle and swell on the daily catch rate of western rock lobster (*Panulirus cygnus*) using time series modelling", *New Zealand Journal of Marine and Freshwater Research*, 39, 2005.
高橋律子・矢野勲，未発表.
高芝愛治「がざみ（*Neptunus trituberculatus* Miers）の生態並に月の盈虚による肉量の関係」『水産学会報』6, 1934.
G. M. Taylor, "Maximum force production: Why are crabs so strong?", *Proc. Biol. Sci.*, 267, 2000.
東京都内湾漁業興亡史刊行会『東京都内湾漁業興亡史』1971.
M. Vannini & F. Gherardi, "Foraging excursion and homing in the tropical crab *Eriphia smithi*", *Behavioral adaptation to intertidal life*, Plenum Press , New York, 1988.
M. Vermeij, K. Marhaver, C. Huijbers, I. Nagelkerken & S. Simpson, "Coral larvae move toward reef sounds", *PLoS ONE*, 5, 2010.
S. G. Webster & R. Keller , "Purification, characterisation and amino acid composition of the putative moult-inhibiting hormone (MIH) of *Carcinus maenas* (Crustacea, Decapoda)", *J. Comp. Physiol. B.*, 156, 1986.

報告』3, 1948.
A. Lillis & T. A. Mooney, "Snapping shrimp sound production patterns on Caribbean coral reefs: relationships with celestial cycles and environmental variables", *Coral Reefs*, 37, Springer Nature, 2018.
K. Lohmann, N. Pentcheff, G. Nevitt, G. Stetten, R. Zimmer-Faust, H. Jarrard & L. Boles, "Magnetic orientation of spiny lobsters in the ocean: Experiments with undersea coil systems", *J. Exp. Biol.*, 198, 1995.
D. Lohse, B. Schmitz & M. Versluis, "Snapping shrimp make flashing bubbles", *Nature*, 413, 2001.
J. Machon, J. Krieger, R. Meth, M. Zbinden, J. Ravaux, N. Montagné, T. Chertemps & S. Harzsch, "Neuroanatomy of a hydrothermal vent shrimp provides insights into the evolution of crustacean integrative brain centers", *eLife*, 8, 2019.
C. C. M. Mazzarelli, M. R. Santos, R. V. Amorim & A. Augusto, "Effect of salinity on the metabolism and osmoregulation of selected ontogenetic stages of an Amazon population of *Macrobrachium amazonicum* shrimp (Decapoda, Palaemonidae)", *Braz. J. Biol.*, 75, 2015.
A. M. McCammon & W. R. Brooks, "Protection of host anemones by snapping shrimps: A case for symbiotic mutualism ?", *Symbiosis*, 63, 2014.
森山充「福井県沿岸のズワイガニ漁獲量変動に及ぼす漁獲努力量の影響に関する一考察」『水産海洋研究』68, 2004.
C. Nagamine, A. W. Knight, A. Maggenti & G. Paxman, "Effects of androgenic gland ablation on male primary and secondary sexual characteristics in the Malaysian prawn, *Macrobrachium rosenbergii* (de Man) (Decapoda, Palaemonidae), with first evidence of induced feminization in a nonhermaphroditic decapod", *Gen. Comp. Endocrinol.*, 41, 1980.
G. Nègre-Sadargues, R. Castillo & M. Segonzac, "Carotenoid pigments and trophic behaviour of deep-sea shrimps (Crustacea, Decapoda, Alvinocarididae) from a hydrothermal area of the Mid-Atlantic Ridge", *Comp. Biochem. Physiol. A Mol. Integr. Physiol.*, 127, 2000.
D. J. Nuckley, R. N. Jinks, B.-A. Battelle, E. D. Herzog, L. Kass, G. H. Renninger & S. C. Chamberlain, "Retinal anatomy of a new species of bresiliid shrimp from a hydrothermal vent field on the Mid-Atlantic Ridge", *Biol. Bull.*, 190, 1996.
K. O'Connor, P. J. Stephens & J. M. Leferovich, "Regional distribution of muscle fiber types in the asymmetric claws of Californian snapping shrimp", *Biol. Bull.*, 163, 1982.
M. Okamoto, M. van Stry, L. Chung, M. Koyanagi, X. Sun, Y. Suzuki, O. Ohara, H. Kitamura, A. Hijikata, M. Kubo & M. Bix, "Mina, an *IL4* repressor, controls T helper type 2 bias", *Nat. Immunol.*, 10, 2009.
M. J. Perry, J. Tait, J. Hu, S. C. White & S. Medler, "Skeletal muscle fiber types in the ghost crab, *Ocypode quadrata:* Implications for running performance",

主要参考文献

安達二朗「日本海西部海域におけるズワイガニの生態と資源」『島根県水産試験場研究報告』8, 1994.

Alaska Fisheries Science Center, "Snow crab in warming waters", *NOAA FISHERIES NEWS*, October 21, 2020.

J. Atema,"Review of sexual selection and chemical communication in the lobster *Homarus americanus*", *Can. J.Fish.Aquat. Sci.*, 43, 2011.

P. W. Brandt, J. P. Reuben, L. Girardier & H. Grundfest, "Correlated morphological and physiological studies on isolated single muscle fibers. I. Fine structure of the crayfish muscle fiber", *J. Cell Biol.*, 25, 1965.

G. Britton & J. R. Helliwell, "Carotenoid-Protein Interactions", *Carotenoids*, Springer, 2008.

P. J. Bushmann & J. Atema, "Nephropore rosette glands of the lobster *Homarus americanus:* Possible sources of urine pheromones", *J. Crust. Biol.*, 16, 1996.

C. C. C. R. de Carvalho & M. J. Caramujo, "Carotenoids in aquatic ecosystems and aquaculture: A colorful business with implications for human health", *Frontiers in Marine Science*, 4, 2017.

E. M. Caves, P. A. Green & S. Johnsen, "Mutual visual signalling between the cleaner shrimp *Ancylomenes pedersoni* and its client fish", *Proc. R. Soc. B.*, 285, 2018.

W. H. Fahrenbach, "The fine structure of fast and slow crustacean muscles", *J. Cell Biol.*, 35, 1967.

L. Falciai & R. Minervini, *Guida dei crostacei decapodi d'Europa*, Franco Muzzio Editore, 1992.

F. Hampshire & D. H. S. Horn,"Structure of crustecdysone, a crustacean moulting hormone", *Chem. Commun. (London)*, 2, 1966.

T. Hata, J. S. Madin, V. R. Cumbo, M. Denny, J. Figueiredo, S. Harii, C. J. Thomas & H. A. Baird, "Coral larvae are poor swimmers and require fine-scale reef structure to settle", *Scientific Reports*, 7, 2017.

W. F. Herrnkind, J. Vanderwalker & L. Barr, "Population dynamics, ecology and behavior of spiny lobster, *Panulirus argus* of St. John, U.S. Virgin Islands: Habitation and pattern of movements", *Science Bulletin of Natural History Museum of Los Angeles*, 20, 1975.

池田郁夫「黄海におけるコウライエビの漁況について」『西海区水産研究所研究報告』27, 1962.

M. B. Kaplan, T. A. Mooney, J. Partan & A. R. Solow, "Coral reef species assemblages are associated with ambient soundscapes", *Mar. Ecol. Prog. Ser.*, 533, 2015.

笠原昊「支那東海黄海の底曳網漁業とその資源」『日本水産株式会社研究所

矢野 勲（やの・いさお）

1943年，大分県生まれ．1965年，農林省水産大学校卒業，1972年，北海道大学大学院水産学研究科博士課程修了．農林省水産庁真珠研究所研究員，海洋研究所（米国）訪問研究員，農林水産省水産庁養殖研究所室長，福井県立大学海洋生物資源学科教授等を経て，現在，同大学名誉教授．専攻，海洋動物培養学，動物生理学．水産学博士．
著書『エビ・カニ類の種苗生産』（共著，恒星社厚生閣，1988年）
『世界のエビ類養殖』（共著，緑書房，1990年）
Recent Advances in Marine Biotechnology（共著，Science Publishers，2000年）
『水産増養殖システム　3　貝類・甲殻類・ウニ類・藻類』（共著，恒星社厚生閣，2005年）ほか

エビはすごい カニもすごい
中公新書 *2677*

2021年12月25日発行

著 者　矢野　勲
発行者　松田陽三

本文印刷　三晃印刷
カバー印刷　大熊整美堂
製　　本　小泉製本

発行所　中央公論新社
〒100-8152
東京都千代田区大手町 1-7-1
電話　販売 03-5299-1730
　　　編集 03-5299-1830
URL http://www.chuko.co.jp/

Published by CHUOKORON-SHINSHA, INC.
Printed in Japan　ISBN978-4-12-102677-4 C1245

中公新書刊行のことば

いまからちょうど五世紀まえ、グーテンベルクが近代印刷術を発明したとき、書物の大量生産は潜在的可能性を獲得し、いまからちょうど一世紀まえ、世界のおもな文明国で義務教育制度が採用されたとき、書物の大量需要の潜在性が形成された。この二つの潜在性がはげしく現実化したのが現代である。

いまや、書物によって視野を拡大し、変りゆく世界に豊かに対応しようとする強い要求を私たちは抑えることができない。この要求にこたえる義務を、今日の書物は背負っている。だが、その義務は、たんに専門的知識の通俗化をはかることによって果たされるものでもなく、通俗的好奇心にうったえて、いたずらに発行部数の巨大さを誇ることによって果たされるものでもない。現代を真摯に生きようとする読者に、真に知るに価いする知識だけを選びだして提供すること、これが中公新書の最大の目標である。

私たちは、知識として錯覚しているものによってしばしば動かされ、裏切られる。私たちは、作為によってあたえられた知識のうえに生きることがあまりに多く、ゆるぎない事実を通して思索することがあまりにすくない。中公新書が、その一貫した特色として自らに課すものは、この事実のみの持つ無条件の説得力を発揮させることである。現代にあらたな意味を投げかけるべく待機している過去の歴史的事実もまた、中公新書によって数多く発掘されるであろう。

中公新書は、現代を自らの眼で見つめようとする、逞しい知的な読者の活力となることを欲している。

一九六二年一一月

中公新書

日本史

d1

中公新書

科学・技術

医学・医療

q1

中公新書 地域・文化・紀行 t1

285 日本人と日本文化 司馬遼太郎 ドナルド・キーン
605 絵巻物に見る日本庶民生活誌 宮本常一
201 照葉樹林文化 上山春平編
799 沖縄の歴史と文化 外間守善
2298 四国遍路 森 正人
2151 国土と日本人 大石久和
2487 カラー版 ふしぎな県境 西村まさゆき
1810 日本の庭園 進士五十八
2633 日本の歴史的建造物 光井 渉
2511 外国人が見た日本 内田宗治
1909 ル・コルビュジエを見る 越後島研一
1009 トルコのもう一つの顔 小島剛一
2032 ハプスブルク三都物語 河野純一
2183 アイルランド紀行 栩木伸明
1670 ドイツ 町から町へ 池内 紀

1742 ひとり旅は楽し 池内 紀
2023 東京ひとり散歩 池内 紀
2118 今夜もひとり居酒屋 池内 紀
2331 カラー版 廃線紀行―もうひとつの鉄道旅 梯 久美子
2290 酒場詩人の流儀 吉田 類
2472 酒は人の上に人を造らず 吉田 類

地域・文化・紀行

t2

560 文化人類学入門（増補改訂版） 祖父江孝男
2315 南方熊楠《みなかたくまぐす》 唐澤太輔
2367 食の人類史 佐藤洋一郎
92 肉食の思想 鯖田豊之
2129 カラー版 地図と愉しむ東京歴史散歩 竹内正浩
2170 カラー版 地図と愉しむ東京歴史散歩 都心の謎篇 竹内正浩
2227 カラー版 地図と愉しむ東京歴史散歩 地形篇 竹内正浩
2346 カラー版 地図と愉しむ東京歴史散歩 お屋敷のすべて篇 竹内正浩
2403 カラー版 地図と愉しむ東京歴史散歩 地下の秘密篇 竹内正浩
2327 カラー版 イースター島を行く 野村哲也
2092 カラー版 パタゴニアを行く 野村哲也
1869 カラー版 将棋駒の世界 増山雅人
2117 物語 食の文化 北岡正三郎
596 茶の世界史（改版） 角山栄
1930 ジャガイモの世界史 伊藤章治
2088 チョコレートの世界史 武田尚子
2438 ミルクと日本人 武田尚子
2361 トウガラシの世界史 山本紀夫
2229 真珠の世界史 山田篤美
1095 コーヒーが廻り世界史が廻る 臼井隆一郎
1974 毒と薬の世界史 船山信次
2391 競馬の世界史 本村凌二
650 風景学入門 中村良夫
2344 水中考古学 井上たかひこ